LES NOUVELLES DÉFENSES DE LA FRANCE

# PARIS

## ET SES FORTIFICATIONS

1870-1880

57

BORDEAUX. — IMPRIMERIE G. GOUNOUILHOU, RUE GUIRAUDE, I I

EUGÈNE TÉNOT

LES

NOUVELLES DÉFENSES DE LA FRANCE

—

# PARIS

ET

# SES FORTIFICATIONS

—

1870-1880

PARIS

LIBRAIRIE GERMER BAILLIÈRE ET Cⁱᵉ

108, BOULEVARD SAINT-GERMAIN, 108

*Au coin de la rue Hautefeuille*

—

1880

# INTRODUCTION

Une œuvre immense, d'importance capitale pour la sécurité de la patrie, s'accomplit, s'achève à l'heure où nous écrivons. Tandis que la frontière continentale de la France, de Dunkerque à Nice, se couvre d'un vaste système de places, de camps retranchés et de forts, — transformation et renouvellement grandiose de l'œuvre classique de Vauban, — Paris, le boulevard suprême de l'indépendance nationale, s'entoure d'une ceinture fortifiée de conception si imposante et si hardie que la fortification naguère réputée colossale du Paris de 1840 paraît, en regard de la fortification nouvelle, presque mesquine et timide.

Cette entreprise, qui fera sans contredit époque dans les annales du génie militaire, a été entamée, poursuivie et réalisée au milieu d'un silence, d'une apparente indifférence du public vraiment extraordinaires. Cette réserve étonnante est-elle le résultat significatif de la discipline volontaire que l'opinion s'impose en France depuis les désastres de 1870-71? Faut-il y voir, au contraire, l'indice d'un affaiblissement du sentiment national? Cette dernière interprétation serait injuste. Un pays dont les Chambres ne marchandent jamais les crédits militaires au gouvernement, un peuple qui supporte et pratique, pour ainsi dire sans efforts, l'obligation universelle du service militaire, ne sauraient être accusés de tiédeur patriotique. La vérité, c'est qu'on craint instinctivement de manquer de circonspection et de prudence en parlant tout haut de ce qui se fait pour la défense du sol national. Scrupule excusable assurément, mais à coup sûr bien superflu! Les travaux de fortification ne sont pas chose qu'on puisse dérober aux vues de l'étranger. En décrivant les nouvelles défenses de Paris, nous instruirons sans doute un grand nombre de nos compatriotes : nous n'apprendrons rien à nos voisins d'Allemagne. Le système nouveau des fortifications de Paris a été déjà l'objet de vives controverses au dehors : en France, on semble l'ignorer. Depuis le mois de mars 1874, époque où l'Assemblée nationale vota, à la suite d'un débat mémorable, les crédits particulièrement affectés aux travaux du camp retranché parisien, le silence s'est fait brusquement, et il n'a plus été rompu depuis. Les personnes qui suivent avec intérêt les annales du Parlement n'ont certes pas oublié cette discussion, la dernière qui ait amené M. Thiers à la tribune; mais qui se souvient, à part les spécialistes, de la thèse que soutenait alors l'illustre promoteur des fortifications de Paris en 1840? qui s'est enquis depuis du caractère et de la portée des plans exécutés? C'est à peine si le nom de l'ingénieur militaire éminent qui a refait nos frontières et qui a dirigé jusqu'à ces derniers jours l'exécution des travaux de fortification de Paris — M. le général Seré de Rivière — est encore parvenu jusqu'au grand public.

Nous estimons que l'heure est venue de rompre ce silence et de se départir de cette réserve excessive. Il est bon de savoir si la confiance du pays et des Chambres, qui ont donné les millions sans compter, a été justifiée. Les leçons de 1870 ont-elles été mises à profit? Paris, sur qui reposèrent, durant les cinq derniers mois de cette fatale guerre, les destinées de la patrie, est-il désormais invulnérable, comme l'affirmait naguère un officier distingué du génie anglais? — ou bien les fortifications élevées depuis 1874 ne seraient-elles, comme on l'a prétendu en Allemagne, qu'une gigantesque erreur? Questions d'intérêt suprême. C'est la réponse à ces questions que nous nous proposons de chercher dans une étude attentive, approfondie, des conditions nouvelles de la défense de Paris, et dans une comparaison méthodique de ces conditions et de celles qui s'imposèrent aux défenseurs de la capitale en 1870-71. C'est notre ambition et notre espérance de fournir par ce travail à tout lecteur éclairé les éléments d'une opinion rationnelle.

# PARIS ET SES FORTIFICATIONS

—

## 1870-1880

## CHAPITRE I

Esquisse de la topographie de Paris. — Vue d'ensemble de Paris ancien. — Les premiers gradins de l'amphithéâtre. — Montmartre, Belleville et la Montagne Sainte Geneviève. — Attaque de Paris en 1814. — Mouvement tournant de Blücher en 1815. — Système de fortifications de 1840. — L'enceinte continue et les forts détachés. — Causes générales de l'insuffisance de cette fortification. — Le deuxième gradin de l'amphithéâtre parisien. — Montmorency, le Raincy-Montfermeil, hauteurs de Villiers-Champigny, plateau de Châtillon. — Idée fondamentale du nouveau plan de défense.

Paris, le Paris ancien surtout, occupe le fond d'un vaste et superbe amphithéâtre naturel dont les premiers gradins s'élèvent dans les limites mêmes de la cité contemporaine. C'est un privilège de la topographie parisienne, de permettre aux personnes les moins familières avec les études de géographie militaire, de saisir d'un seul coup d'œil l'idée-mère qui a présidé au nouveau plan de défense. Il suffit de voir pour entrer dans l'esprit de ses auteurs, pour s'assimiler leur pensée et suivre ensuite avec intérêt et avec fruit l'étude détaillée des moyens de réalisation de l'idée. Rien en ces matières ne saurait suppléer efficacement à la connaissance personnelle des lieux; l'étude des cartes les plus parfaites ne remplace pas, du moins pour les hommes du monde, la vue directe du terrain. Grâce aux conditions et aux habitudes de la vie moderne, à la facilité des communications et à la fréquence des voyages, la plupart assurément de ceux qui nous liront connaissent Paris, l'ont habité, l'ont visité ou le visiteront. Il leur sera donc aisé de nous suivre, et de voir avec nous le terrain sur lequel nous nous proposons de les conduire.

L'observateur placé au sommet de l'un des édifices qui s'élèvent au centre du vieux Paris, sur les tours de Notre Dame par exemple, au berceau de l'antique Cité, ne saurait manquer d'être frappé de l'un des traits les plus caractéristiques du panorama grandiose qui se déroule à sa vue. Partout le terrain s'élève autour de lui. L'édifice qu'il a gravi est au centre d'une série de courbes concentriques marquées d'abord par des hauteurs qui enserrent la partie la plus ancienne, la plus peuplée et la plus riche de Paris.

Que l'observateur se tourne, au nord, vers les quartiers de la rive droite de la Seine. En face de lui se dresse Montmartre — la butte escarpée, isolée, aux pentes rapides sur lesquelles les maisons semblent se presser à l'escalade. De Montmartre à Notre-Dame, la distance est inférieure à 4 kilomètres. Une batterie dressée sur ce point culminant plongerait sur les plus riches quartiers de Paris et les couvrirait de feux. A gauche vers le nord-ouest, une longue ondulation relève le terrain jusqu'aux hauteurs de l'Étoile et de Passy, la première marquée par l'Arc-de-Triomphe, porte grandiose de la grande cité, la deuxième couronnée par le plus récent des monuments de Paris, le palais si justement admiré du Trocadéro. C'est ce relief de terrain qui commande la Seine sur sa rive droite, à sa sortie de la ville, et force le fleuve à décrire, par une forte inclinaison vers le sud, le premier de ces immenses méandres qui caractérisent le bassin immédiat de Paris.

A droite de l'observateur, dans la direction de l'est, une véritable chaîne de hauteurs, autrement imposante que le mamelon isolé de Montmartre, barre les limites de la ville. Là aussi, les maisons pressées s'étagent sur les flancs du coteau. La sombre verdure des cyprès du Père-Lachaise attire le regard, à l'est des constructions amoncelées sur les pentes de Ménilmontant et de Belleville, tandis que les escarpements des buttes Chaumont marquent, à gauche, l'angle du plateau qui surplombe la grande plaine Saint-Denis. Le commandement des hauteurs de Belleville sur les vieux quartiers de la rive droite de la Seine est relativement considérable : il est de près de 80 mètres. Entre les gradins de Montmartre et les buttes Chaumont, à peu près en face de l'observateur tourné vers le nord, le terrain s'élève aussi, mais par une pente douce que les travaux de voirie exécutés dans la période contemporaine ont rendue presque insensible. C'est un plan incliné qui se relève lentement des bords de la Seine jusqu'aux faubourgs de la Chapelle et de la Villette, pour atteindre ensuite, sans brusque ressaut, la plaine haute qui se déroule au nord.

Le terrain commande la fortification. Cette maxime technique, que nous nous bornons à énoncer en passant, justifiera pour le lecteur le soin que nous apportons à appeler son attention sur les détails de la topographie parisienne.

Vers le sud, l'observateur que nous avons supposé placé sur les tours Notre-Dame, voit, en se retournant, les reliefs s'accentuer d'une façon plus brusque et plus prochaine. Tandis que, sur la rive droite de la Seine, la vieille ville a pu s'étendre en plaine sur un rayon de plus de 3 kilomètres, la Montagne-Sainte-Geneviève, l'antique quartier de l'Université du Paris du moyen âge, se dresse aux bords immédiats du fleuve. Le Panthéon en couronne le faîte. Plus au sud, le terrain s'étage vers Montparnasse, Montrouge, Vanves et Issy; mais les pentes sont moins accentuées. La Bièvre, que

nous retrouverons plus tard dans la description du haut
plateau, au sud de Paris, se creuse un profond sillon, et vient
se jeter dans la Seine, à gauche de l'observateur, en baignant
la base orientale de la Montagne-Sainte-Geneviève. Il est à
peine besoin d'avertir le lecteur que cette expression de
*montagne* appliquée à la colline du Panthéon, ne doit pas être
prise au pied de la lettre. L'altitude du point culminant
n'atteint pas celle de la butte Montmartre, et la butte est
elle-même inférieure au niveau des hauteurs de Belleville.
Dans l'angle, entre la Seine et la Bièvre, le long de la rive
droite de la petite rivière, le sol se renfle aussi et dessine une
longue croupe vers Bicêtre, Arcueil et Villejuif. Seule, la
vallée supérieure de la Seine, aux abords immédiats de Paris,
des faubourgs de Bercy et de la gare d'Orléans, jusqu'en
amont du confluent de la Marne, donne à l'œil la sensation
d'une plaine parfaite. A l'est de la vallée, le plateau de
Vincennes et de Charenton, quoique très inférieur lui-même
aux hauteurs du Père-Lachaise, de Charonne et de Montreuil
commande néanmoins d'assez haut la rive droite de la Seine
et celle de la Marne, vers le confluent.

Au commencement de ce siècle, les hauteurs en ceinture
que nous venons d'embrasser d'un coup d'œil rapide, étaient
toutes, sauf la Montagne-Sainte-Geneviève, en dehors de
l'enceinte de Paris. La possession des faubourgs ou des
villages de banlieue qui les couvraient, donnait alors les clés
stratégiques de la capitale. C'est sur le haut plateau de
Romainville, dont les buttes Chaumont, Belleville et Ménilmontant marquent les pentes tournées vers Paris, que le
30 mars 1814, Marmont lutta héroïquement avec quelques
milliers d'hommes contre les masses russes et autrichiennes
de Schwarzenberg. C'est à la Villette et à la Chapelle que
Mortier combattit avec non moins de bravoure. C'est par le
plateau de Vincennes que le duc de Wurtemberg tourna les

hauteurs dont les plus énergiques attaques, menées de Rosny,
de Noisy et de Pantin, ne réussissaient pas à arracher les
bataillons du corps de Marmont. C'est au haut de Montmartre
que l'émigré français Langeron, commandant d'un corps
russe aux ordres de Blücher, dressa les batteries qui canon-
nèrent Paris, pendant que Moncey défendait encore la
barrière de Clichy à la tête de quelques vétérans et d'une
poignée de gardes nationaux. Les crêtes de Chaumont, de
Belleville, de Ménilmontant couronnées par l'ennemi, Montmartre occupé, les hauteurs de l'Étoile et de Passy atteintes
par les avant-gardes prussiennes, Paris était à la discrétion
des alliés. Aussi faut-il plaindre et non blâmer les généraux
qui ne disposant que de trente mille hommes contre près de
deux cent mille, se résignèrent, dans cette triste journée du
30 mars 1814, à signer la convention qui épargna du moins
à la capitale les horreurs d'une guerre de rues sans but et sans
espoir. Ce n'est pas sur leurs têtes que l'histoire fait peser la
responsabilité de la première catastrophe napoléonienne.

L'année suivante, aux premiers jours de juillet 1815, quand
l'étranger, ramené par le retour de Napoléon de l'île d'Elbe,
reparut sous Paris, deux semaines à peine après Waterloo,
c'est l'occupation des hauteurs du sud qui entraîna la seconde
reddition de la capitale. Blücher, redoutant une défense opiniâtre de Montmartre et du bastion naturel formé par le plateau
de Romainville-Rosny-Ménilmontant, positions qui avaient
été fortement retranchées durant les Cent jours; Blücher,
brûlant aussi de devancer Wellington et les Anglais dont il
supportait mal la prépondérance, avait franchi dès le 30 juin
la Seine au Pecq-Saint-Germain, en aval de Paris, et, malgré
un échec subi par sa cavalerie le 1er juillet, près de Versailles,
était venu couronner, avec soixante mille Prussiens, les
superbes hauteurs de Meudon. Il en était descendu le 2 juillet
sur les plateaux de Vanves et d'Issy, aux premiers gradins du

cirque parisien. C'est là que furent tirés, le 3, les derniers coups de feu de la fatale campagne de 1815. La convention en vertu de laquelle l'armée française se retirait sur la Loire, fut signée le soir même, et Paris vit, encore une fois, l'ennemi dans ses murs, le lendemain pour ainsi dire de son apparition aux portes.

Lorsque, vingt-cinq ans plus tard, le gouvernement de Juillet réalisa, grâce à la volonté et à l'opiniâtre persévérance de M. Thiers, l'idée, utopique aux yeux de beaucoup de faux sages, de fortifier Paris, l'expérience de 1814 et de 1815 dicta les lignes principales de l'œuvre à accomplir. Renfermer, soit dans l'enceinte continue, soit dans le cercle des forts destinés à couvrir le corps de place, toutes les hauteurs, toutes les positions dominantes dont l'occupation par l'ennemi avait mis la ville à sa discrétion : tels furent la préoccupation principale, le but, la règle essentielle que s'imposèrent nos ingénieurs militaires. Aussi le rempart bastionné du corps de place renferma-t-il dans son enceinte un grand nombre de faubourgs ou de communes de banlieue qui ne devaient être administrativement réunis à la ville de Paris que bien des années plus tard.

Sur la rive droite de la Seine, l'enceinte engloba les hauteurs de Passy et de l'Étoile, la butte Montmartre entière ; atteignit le niveau de la plaine Saint-Denis au delà de la Chapelle et de la Villette ; escalada le plateau de Romainville, en laissant dans l'intérieur du Paris militaire les buttes Chaumont, Belleville, Ménilmontant et le Père-Lachaise. Sur la rive gauche, le rempart s'éleva de même sur la croupe de Bicêtre, gagna le plateau de Montrouge, enferma Montparnasse et Vaugirard, pour aller retrouver la Seine en aval du plateau d'Auteuil. Des forts détachés construits à une distance variant de 2 à 5 kilomètres environ, complétèrent l'occupation solide des positions dont l'expérience de 1814 et de 1815 avait démontré l'importance vitale.

La ville de Saint-Denis, que le grand coude de la Seine couvrait du côté ouest, fut défendue par deux ouvrages bastionnés au nord, et .par le fort de l'Est sur le flanc droit Le fort d'Aubervilliers, en avant de la Villette, assura les abords de la grande plaine nord. Quant au bastion naturel si remarquable formé par le plateau de Romainville, la possession en fut complètement assurée par les forts et redoutes de Pantin, de Noisy-le-Sec, de Rosny, de Nogent, de Fontenay sous-Bois, qui couronnèrent les crêtes du plateau tournées vers le nord et l'est de Paris. Les redoutes de la Faisanderie et de Gravelle, au-dessus de Joinville-le-Pont, sur les crêtes dominant la Marne, garantirent de concert avec le fort de Charenton, situé dans l'angle supérieur du confluent de la Seine et de la Marne, la possession du plateau de Vincennes avec la vieille citadelle pour réduit.

Au midi de Paris, le fort d'Ivry, le fort de Bicêtre, sur la colline entre Seine et Bièvre, les forts de Montrouge, de Vanves et d'Issy, sur les terrasses entre la Bièvre et la Seine d'aval, complétèrent l'occupation des plateaux de la rive gauche, sur lesquels campait Blücher le 3 juillet 1815. A l'ouest, enfin, à l'ouverture de la presqu'île formée par le premier grand repli de la Seine, la forteresse du Mont Valérien, construite sur la colline isolée qui se dresse au-dessus de Suresnes, vint couvrir un front naturellement défendu déjà par les vastes méandres du fleuve.

L'œuvre était grandiose. L'enceinte bastionnée n'avait pas moins de 36 kilomètres de tour, et la ligne des forts extérieurs en atteignait 53. Étant donnée la portée efficace des canons de l'époque, cette place démesurée n'était cependant pas moins forte que vaste. Elle a d'ailleurs glorieusement subi l'épreuve; car, défendu en 1870-71 par quelques débris à peine de troupes régulières et par des levées improvisées; attaqué par un ennemi formidable, victorieux et muni d'une

artillerie d'une puissance inconnue en 1840, Paris n'a néanmoins cédé qu'à la famine. Le vrai siège commençait à peine
quand la faim fit, après quatre mois et demi de blocus, tomber
les armes des mains de ses défenseurs.

Cependant les péripéties de la défense de Paris en 1870-71
avaient révélé aux yeux des moins clairvoyants les graves
défectuosités de la fortification de 1840. Les armées parisiennes
de sortie s'étaient constamment heurtées à des obstacles
naturels, à des positions exceptionnellement fortes. L'ennemi
avait pu, avant d'avoir fait tomber un seul fort détaché, bombarder les quartiers méridionaux de la rive gauche de la
Seine. La chute des ouvrages de Saint-Denis, presque immi-
nente à l'expiration des vivres, allait permettre aux Prussiens
non seulement de diriger un peu plus tard le bombardement
sur les quartiers les plus populeux et les plus riches de la
capitale, mais aussi de pousser rapidement leurs travaux
d'approche jusqu'au mur d'enceinte.

C'est uniquement dans la topographie du bassin immédiat
de Paris combinée avec les propriétés balistiques de la nouvelle
artillerie de siège, qu'il convient de chercher les causes de
cette faiblesse relative de la fortification de 1840. On n'avait
occupé en 1840 que les premiers gradins de l'amphithéâtre
parisien; mais grâce à la puissance de l'artillerie nouvelle, la
rangée de gradins plus éloignée et plus élevée qui succède
à celle que nous avons décrite, avait, à l'égard de celle-ci, le
même commandement que ces hauteurs plus prochaines ont
eu jadis sur la vieille ville elle-même.

Les défenseurs de Paris n'occupaient en 1870-71 que le fond
et les pentes du cirque; l'ennemi en tenait tous les degrés
supérieurs.

L'observateur que nous avons convié à porter ses regards
sur le panorama de Paris, peut aisément s'en rendre compte,
le voir de ses yeux avec une netteté saisissante.

Partout, autour de lui, au-dessus des premières hauteurs, se dressent d'autres hauteurs dont la courbe immense embrasse l'horizon. Par delà la butte Montmartre, apparaissent au nord les buttes d'Orgemont, de Pierrefitte, de Stains, qui dominent les abords de Saint-Denis, et bien au-dessus de ces mamelons, les dominant tous, s'élève le massif imposant, noir de bois, que couronne la forêt de Montmorency. C'est des hauteurs de Stains et de Pierrefitte que les batteries prussiennes, plongeant à trois kilomètres de distance sur les fronts bastionnés de Saint-Denis, avaient presque démantelé ce poste capital. Par de-sus les hauteurs de l'Étoile, au loin vers le nord-ouest, se profile sur le ciel la croupe aux vives arêtes qui commence à la butte d'Orgemont au-dessus d'Argenteuil, s'abaisse brusquement, puis se relève à Sannois, pour finir à la crête abrupte de Cormeilles, d'où l'on domine de 150 mètres au dessus du niveau du fleuve les plaines doucement ondulées qui vont mourir au confluent de l'Oise et de la Seine. Au pied de ces hauteurs diverses, dans les villages qui en couvrent les abords, sur leurs pentes, sur leurs crêtes, se trouvaient disposés en 1870-71 les ouvrages, barricades, abattis, tranchées, murs crénelés, batteries, redoutes, contre lesquels seraient venus se heurter et se briser les efforts d'une armée parisienne essayant de rompre le cercle d'investissement par les routes de Pontoise, de Beaumont, de Creil ou de Senlis.

Au delà du plateau de Romainville, au nord-est, surgit de même le massif du Raincy-Montfermeil, épais et roide comme celui de Montmorency dont il fait le pendant, couronné comme lui de bois touffus. Entre la crête de Romainville et celle du Raincy s'interpose le cône tronqué d'Avron, isolé de l'un et de l'autre plateau par d'énormes dépressions. C'est du haut des crêtes du Raincy que les Prussiens démasquèrent subitement leurs batteries de gros calibre en décembre 1870, éteignirent d'abord nos batteries d'Avron, puis engagèrent contre les forts de Nogent et de Rosny la terrible canonnade qui, malgré la distance de 4 kilomètres, mit à si rude épreuve l'énergie de nos artilleurs. Au sud-est, enfin, vers le confluent des vallées de la Marne et de la Seine, au delà du plateau de Vincennes, l'œil est attiré par l'arête élevée qui barre l'horizon. Un rideau de peupliers élancés jalonne la direction des lignes désormais historiques de Villiers et de Champigny. Les clochers, les maisons de Chennevières, de Sucy, de Boissy, apparaissent distinctement par un temps clair. On discerne aussi sans peine le point où la chaîne de collines qui enserre les hautes plaines de la Brie, laissant la Marne décrire au nord sa courbe finale, vient baigner dans la Seine, à Villeneuve-Saint-Georges, son promontoire d'angle, pour s'infléchir ensuite au sud, le long de la rive droite du fleuve. C'est sur les pentes de ces coteaux dont l'ennemi couronnait les sommets culminants, que vint échouer, le 30 novembre, le vaillant effort de l'armée de Paris pour rompre les lignes prussiennes de circonvallation. C'est là, sous la protection des crêtes de Limeil et de Villeneuve-Saint-Georges, qu'avaient été jetés les principaux ponts qui reliaient le quartier-général du roi de Prusse, à Versailles, à l'armée de blocus de la rive droite et aux lignes normales de communication des deux armées avec l'Allemagne.

Si maintenant l'observateur fait face au sud, embrasse du regard l'horizon de la rive gauche de la Seine, la cause décisive de la force extraordinaire du blocus allemand en 1870-71 et la raison fondamentale de la défectuosité de l'œuvre défensive de 1840 ne tarderont pas à lui apparaître saisissantes d'évidence. Ce n'est plus, comme au nord et à l'est, dans un lointain relatif, que se dressent les gradins supérieurs de l'amphithéâtre parisien : c'est à très courte distance, c'est à 1 kilomètre à peine des forts, à moins de 4 kilomètres des bastions du corps de place. Voilà, dominant de haut la Montagne-Sainte-Geneviève, surplombant les paliers qu'occupent les forts de Montrouge, de Vanves et d'Issy, voilà les sommets de Fontenay-aux-Roses, de Châtillon, de Clamart, de Meudon, et plus loin ceux de Bellevue, de Sèvres, de Saint-Cloud. L'observateur ne perd pas un détail de ces coteaux, ornés de villas, de châteaux, de bosquets, de jardins, de parcs et de forêts, ceinture élégante et gracieuse de la plus belle des capitales modernes. La nature et l'art semblent les avoir décorés à l'envi. L'œil ne se lasse pas de les admirer, et ce n'est qu'au prix d'un effort douloureux qu'on se résout à penser que ces lieux, où tout est fête pour le regard, furent naguère des lieux tragiques. Et cependant, c'est des hauteurs de Fontenay, de Châtillon et de Clamart, c'est du haut de Meudon, que les batteries prussiennes plongeant sur les forts de Vanves et d'Issy ouvrirent le feu terrible qui crevait, en janvier 1871, les casemates insuffisantes de la vieille fortification de 1840; c'est du couvert de ces bois coquets que les obus des batteries de bombardement portaient la mort jusque sur les pentes des antiques quartiers de la Montagne-Sainte-Geneviève. Il suffit de voir et de réfléchir à la supériorité que les armes à tir rapide donnent à une troupe retranchée sur des hauteurs battant le terrain en avant d'elles, pour comprendre tout aussitôt quelle barrière redoutable ces collines si riantes et si belles opposaient aux efforts d'une armée parisienne de sortie.

C'est encore sur leur prolongement occidental, au pied des bois qui brunissent l'horizon, vis-à-vis la fière silhouette du Mont-Valérien, que vint expirer, le 19 janvier 1871, l'effort suprême des défenseurs de la capitale.

Occuper toutes ces hauteurs dominantes; couronner d'ouvrages fortifiés tous les gradins de l'amphithéâtre parisien; dominer, non plus seulement le penchant tourné vers Paris, mais aussi le revers extérieur de la ligne des faîtes : voilà l'idée fondamentale du nouveau système de défense.

La possession des crêtes qui ceignent le bassin immédiat de Paris donna en 1870-71 à l'armée d'investissement l'avantage décisif du commandement du terrain contre toutes les sorties qu'aurait pu tenter l'assiégé. Nos ingénieurs militaires se sont proposé d'assurer cet avantage à la défense-offensive de Paris. Ils ont voulu qu'à l'avenir les conditions respectives des deux adversaires de 1870-71 fussent renversées au point de vue topographique; qu'en un mot, une armée débouchant de Paris descendît en plaine, au lieu d'être forcée d'escalader des pentes, comme à Buzenval et comme à Champigny.

Rendre facile la rentrée en campagne d'une armée qui aurait été forcée de reprendre haleine et de se réorganiser à Paris; rendre impossible, par l'étendue du périmètre de ses défenses, un investissement réel de la capitale; garantir complètement la ville contre un bombardement : tel est le problème que les nouvelles fortifications ont eu pour objet de résoudre.

Une étude détaillée nous permettra de dire si l'exécution a répondu à la conception.

# CHAPITRE II

Nécessité de la fortification de Paris — Expérience de 1870. — Réponse aux objections. — Paris fortifié couvre les neuf dixièmes du territoire. — Description générale du bassin de la Seine. — Lignes d'invasion. — Le système des grands camps retranchés. — Exemples de Metz et de Paris en 1870, de Plewna en 1877. — Discussion. — Le camp retranché idéal. — Torres-Vedras en 1810.

Paris est la seule des grandes capitales modernes qui soit fortifiée. La France en est-elle plus forte? Ses facultés de résistance à l'invasion en sont-elles réellement accrues? Discuter même brièvement la question pourra sembler oiseux, tant on est aujourd'hui généralement porté en France à répondre par l'affirmative. Cependant, l'idée de faire de la capitale une place de guerre a été ardemment controversée jadis dans notre pays, et en ce moment même on trouve à l'étranger des écrivains militaires très sceptiques à l'égard de l'utilité de cette conception. C'est le cas de l'auteur anonyme d'une étude allemande sur l'importance stratégique de Paris qui a eu l'an dernier les honneurs de la traduction et de l'insertion au *Journal des Sciences militaires*. Si cet auteur ne condamne pas absolument l'idée de mettre Paris à l'abri d'un coup de main, il n'en considère pas moins comme une cause d'infériorité pour la France la transformation de sa capitale en vaste forteresse. Le même auteur, il est vrai, reconnaît ailleurs que « sans les fortifications de Paris, il aurait certai- » nement été donné au monde de contempler le spectacle » saisissant d'un grand et puissant État, après la destruction

» de ses armées à la frontière, n'ayant dans toute son étendue
» aucun obstacle à opposer à une invasion, et par conséquent
» à la merci de son vainqueur. » Cette dernière observation
est d'une exactitude absolue. Nous pouvons y ajouter, d'accord
avec plusieurs critiques allemands peu suspects de complai-
sance, qu'en 1870-71, Paris fortifié n'a pas seulement répondu
aux espérances des auteurs de la fortification de 1840, mais
qu'il les a de beaucoup dépassées.

Paris, en effet, au lieu de capituler au premier train de
marée manquant, comme l'attendaient avec conviction la
plupart des prétendus sages qui niaient à la capitale du luxe
et des arts la capacité de souffrir et de se sacrifier, Paris a
tenu non deux mois, le terme des plus optimistes, mais quatre
mois et demi. Paris avait, durant cet intervalle, retenu,
immobilisé, enchaîné sous ses murs, des forces ennemies
énormes; il avait donné à la province le temps de lever,
d'équiper, d'armer des masses considérables qui, si la France
avait possédé préalablement une organisation militaire semblable à celle que le gouvernement de la République lui a
donnée, « seraient peut-être arrivées, dit le critique allemand
» précité, à porter un coup fatal à l'adversaire! »

On peut regretter que Paris ait pris dans l'existence
nationale une importance si vitale que la chute de la capitale
ait été trois fois, en ce siècle, le terme de la résistance des
Français à une invasion étrangère. Mais tous les regrets à ce
sujet seraient vains et superflus. Cette importance de Paris,
incomparablement supérieure à celle que Berlin, Vienne,
Saint-Pétersbourg, Rome, Madrid, etc., exercent sur leurs
contrées respectives, est la résultante d'un concours de forces
historiques irrésistibles. Les Français contemporains, qui n'ont
pas créé ces conditions, sont bien forcés de s'en accommoder.
Il est certain d'ailleurs que ce rôle décisif de Paris — rôle tel
qu'on peut, sans trop d'exagération, assimiler la capitale de la

France à l'un de ces organes de la machine humaine dont le
libre fonctionnement est essentiel à la vie, — il est certain,
disons-nous, que ce rôle était, avant les fortifications, exactement ce qu'il est aujourd'hui. Paris occupé, c'était la France
frappée au cœur. Les expériences du 30 mars 1814 et du
3 juillet 1815 ne l'ont que trop efficacement démontré. Cette
observation suffit pour ruiner par la base l'objection de ceux
qui prétendent qu'en fortifiant Paris on a désigné aux coups
de l'ennemi le nœud vital qu'il suffit de trancher pour en finir
avec la France. On connaissait ce nœud vital avant 1840, et
le sort d'une seule bataille pouvait permettre à l'envahisseur
d'y frapper sans obstacles. En fortifiant Paris, c'est l'organisme entier de la France que l'on garantit. Le critique
allemand déjà cité a émis la pensée bizarre que « les nouvelles
» fortifications de Paris avaient été disposées pour la *capitale*
» et non pour le *pays*. » L'inverse serait plutôt vrai, et l'on
peut hardiment affirmer, eu égard à cette influence prodigieuse
de Paris sur la France, que la capitale imprenable c'est le pays
invincible.

D'ailleurs, indépendamment de cette importance d'ordre
moral qui, dans les temps modernes, fait de Paris l'objectif
suprême de toute guerre d'invasion contre la France, il est
évident pour tout esprit réfléchi, qu'au seul point de vue
militaire, l'importance d'une ville pareille est décisive dans
les données stratégiques d'une guerre d'invasion partie de nos
frontières du Nord. Par la population immense de la ville et
de sa banlieue, par l'abondance des ressources de tout genre
qui y sont accumulées et qui en font le plus colossal des
arsenaux, par son assiette au nœud des communications ferrées
du pays entier, par sa proximité relative des frontières du
Nord, par sa situation sur les flancs de toute armée qui tenterait
de s'avancer au centre, à l'ouest ou au midi de la France,
Paris constitue une position stratégique unique sans l'occu-

pation préalable de laquelle il est interdit à l'envahisseur de faire sans folie un pas de plus vers l'intérieur du pays. Paris fortifié couvre en réalité les neuf dixièmes du territoire. A ce point de vue, il est permis de se demander si cette proximité de la frontière du Nord, périlleuse en ce qu'elle met la capitale à quinze jours de marche pour une armée d'invasion victorieuse au début d'une campagne, n'est pas devenue depuis les fortifications de Paris un avantage considérable pour la France dans une guerre de défense nationale. A la fin de septembre 1870, près de quatre-vingts départements étaient encore libres de tout envahisseur. Qu'on suppose la capitale située en un point plus éloigné de la frontière allemande, au midi de la Loire, par exemple, et le flot de l'invasion se serait dès le début déroulé sans obstacles sur le tiers le plus populeux et le plus fertile du territoire français. On conçoit que les Prussiens ne songent pas à fortifier Berlin contre une invasion partie de l'occident, car avant d'arriver sous les murs de Berlin, l'armée ennemie aurait couvert les cinq sixièmes de l'Allemagne, ne laissant disponibles, pour l'organisation d'une défense ultérieure, que les provinces pauvres et médiocrement peuplées qui s'étendent entre Berlin et la frontière russe. Si la Prusse, en 1806, ne capitula pas sur-le-champ après que la victoire d'Iéna eut conduit en quelques jours les Français à Berlin, ce n'est pas aux ressources des provinces prussiennes non envahies qu'il en faut faire honneur, mais exclusivement à l'armée russe accourue sur la frontière de Pologne au secours du co-partageant de 1772 et de 1793. En effet, les Russes battus à leur tour à Friedland, la Prusse fut aux genoux de Napoléon.

Un des avantages considérables de la situation géographique de Paris, c'est de forcer l'ennemi qui serait entré dans le bassin de la Seine après une bataille gagnée sur la frontière allemande actuelle, à poursuivre sa marche envahissante selon une ligne

oblique à sa vraie base d'opération, ligne exposée à des
retours offensifs dont le succès pourrait entraîner de véritables
catastrophes pour l'armée d'invasion arrêtée sous Paris. Il suffit
d'un coup d'œil jeté sur la carte, pour comprendre quel danger
menacerait cette armée, si des troupes françaises réorganisées
renforcées par exemple des territoriaux de la région du
Nord, se trouvaient, grâce à la neutralité belge, en mesure de
prendre pour base d'opérations les places du Nord, la nouvelle
ligne fortifiée de La Fère-Laon et le camp retranché de Reims,
et de déboucher en force sur la longue, mince et unique ligne
de communications qui existerait entre le camp sous Paris
et la frontière allemande de Lorraine. Ce péril, encore plus
immédiat que celui d'un retour offensif par la ligne de Lyon-
Langres, serait tel, que si jamais la neutralité belge est foulée
aux pieds, on peut hardiment prédire que ce sera par les
Allemands, auxquels la ligne d'Aix-la-Chapelle à Liège,
Namur, Maubeuge et Paris est désormais indispensable en
présence de l'organisation régionale de l'armée française et
de ses réserves. Il est vrai qu'à moins de complicité du gouvernement belge, la nécessité de prendre possession de vive
force de la ligne Verviers-Liège-Namur-Charleroi, d'observer
ensuite l'armée belge repliée sous la protection de la grande
place d'Anvers, compenserait, au détriment des Allemands,
l'avantage de se procurer ainsi une deuxième ligne d'opérations sur Paris, plus directe et moins exposée aux attaques
de flanc que la ligne Nancy-Bar-le-Duc-Châlons-Paris.

De la frontière de Belgique à Paris il n'existe pas en effet
de ligne de défense naturelle. La trouée de l'Oise ouvre
largement l'entrée d'un pays plat que nul ouvrage de
fortification ne saurait fermer efficacement. De même, entre la
frontière allemande de Lorraine et Paris par Bar-le-Duc, une
fois les « côtes de Meuse » et la Meuse elle-même franchies, la
Champagne est ouverte, et là toutes les routes et tous les

cours d'eau convergent vers Paris. Une armée en retraite,
après une grande bataille perdue sur l'une ou l'autre de ces
frontières, ne trouverait donc, avant Paris, ni barrière ni solide
ligne de défense artificielle ou naturelle à l'abri de laquelle
elle pût se rallier, se refaire et se renforcer.

La Seine, avec son prolongement direct l'Yonne, n'est, en
tant que cours d'eau, malgré sa direction perpendiculaire aux
lignes d'invasion, qu'un obstacle défensif insignifiant. C'est
une ligne d'eau trop longue et trop aisée à franchir. Supprimez
par hypothèse le camp retranché parisien, et la Seine n'arrê-
terait certainement pas un instant l'ennemi victorieux. L'armée
que nous avons supposée en retraite après une grave défaite
à la frontière, ne respirerait pas avant d'avoir gagné l'abri de
la Loire. Et encore est-il douteux qu'elle parvînt à se maintenir
derrière ce fleuve assez longtemps pour se réorganiser. C'est
Paris fortifié qui donne seul une valeur réelle à la ligne de la
Seine. Grâce au camp retranché parisien, l'invasion, même
dans les conditions les plus désastreuses pour la défense —
témoin les événements de 1870, — subit forcément sur la
Seine un temps d'arrêt d'où peuvent sortir le salut de l'armée
vaincue et la délivrance du pays envahi.

Qu'on s'inspire donc de considérations purement stratégiques
ou qu'on se préoccupe exclusivement des causes historiques
qui ont lié dans ce siècle le sort de la France envahie au sort
de sa capitale, il est impossible de contester l'intérêt vital qui
fait de la mise en état de défense de Paris une nécessité de
premier ordre pour la sécurité et l'indépendance nationales.

On objecte, il est vrai, aux fortifications immenses, aux
camps retranchés formidables, à ceux surtout qui enceignent
une capitale si essentielle à la vie nationale et d'un prestige
si prodigieux sur les esprits, le danger de l'attraction exercée
par un pareil refuge sur les armées d'opération, sur leurs chefs
surtout, après un sérieux échec subi en rase campagne. Or, à

la guerre, dit-on, les places fortes sont des *moyens;* elles ne·
doivent jamais être considérées comme des *fins.* Elles doivent
servir aux manœuvres, elles ne doivent pas les commander.
Rien n'est plus juste. Et l'on ajoute : N'y a-t-il pas à redouter
que l'influence d'une place telle que Paris, le souci de la
couvrir ou l'irrésistible désir d'y trouver momentanément la
sécurité, n'entraînent trop souvent les généraux à l'oubli
de ces règles si sages? Le fait même ne s'est-il pas déjà
produit?

A cela nous répondrons avec l'histoire : Que ce n'est pas
la préoccupation de Paris, que c'est celle de Metz qui fit
commettre en août 1870 les fautes irréparables. Si l'armée
du maréchal de Mac-Mahon avait subi à un degré suffisant
l'attraction de la capitale, le sort de la guerre aurait peut-être
été changé! En effet, ce qu'aucune personne compétente ne
contestera, c'est que si les cent dix mille hommes de troupes
régulières que M. le maréchal de Mac-Mahon conduisit de
Châlons à Sedan étaient revenus camper sous Paris, sur les
positions de la rive gauche de la Seine, l'ennemi n'aurait pu
tenter, sans témérité folle, l'investissement complet de la place.
Dans ces conditions — et c'est encore un fait indiscutable, —
les perspectives ultérieures de la défense nationale auraient
été radicalement modifiées! Or, si Paris avait eu sur les
manœuvres de l'armée en campagne l'influence qu'on redoute
pour l'avenir et que l'on imagine pour le passé, n'est-il pas
évident que le maréchal de Mac-Mahon aurait eu la force de
résister aux obsessions dynastiques qui lui firent préférer,
même après l'avis de la manœuvre tournante du prince royal
de Prusse, la marche insensée sur Montmédy, c'est-à-dire vers
Sedan, à la retraite sur Paris qui était sa pensée propre, que
les règles de la guerre commandaient impérieusement et au
bout de laquelle le maréchal aurait trouvé peut-être, au lieu
du désastre et de la captivité, la gloire et le salut de la patrie!

Ce n'est cependant pas sans raison que l'on se préoccupe
de l'attraction naturelle des grands camps retranchés sur les
armées en campagne, de la tentation que leur force et la
sécurité dont on jouit sous leurs canons exerce sur des
troupes battues. Il y a là un incontestable péril. Le danger
est grand surtout lorsque la place se trouve à l'extrême
frontière, sur la ligne même qui vient d'être forcée en rase
campagne par l'ennemi, et lorsque d'ailleurs sa situation
topographique la rend susceptible d'investissement par des
forces à peine supérieures à celles de l'armée investie. A ce
point de vue, nos généraux seront sages s'ils se méfient de
Toul et de Verdun en cas de guerre sur la nouvelle frontière
de l'Est. Quant à la place de Metz, qui nous fut si fatale
en 1870, il n'est pas impossible que les Allemands, s'ils
perdent une grande bataille entre les Vosges et la Moselle,
y expérimentent à leur tour tous les inconvénients de
l'attraction d'un grand camp retranché de frontière sur les
armées défaites. Mais Paris, situé à quinze marches de
la frontière, n'est point dans des conditions stratégiques
analogues à celles de ces places de première ligne. La
préoccupation de Paris pourra sans doute commander dans
une certaine mesure les manœuvres des armées. Le souci
de Paris les commanderait bien davantage, et d'une façon
autrement gênante, si Paris n'était pas fortifié. La marche de
Napoléon sur Saint-Dizier, en 1814, en vue de prendre les
alliés à revers, fut une erreur désastreuse, Paris étant ville
ouverte. L'ennemi fut dans la capitale avant que l'Empereur
eût pour ainsi dire ébauché sa manœuvre. Avec le Paris
fortifié de 1870, un mouvement pareil, tout en restant
téméraire, aurait pu, sous un général tel que Napoléon,
tourner au détriment des coalisés. Paris ouvert enchaînait
l'armée de défense, la condamnant à ne pas découvrir les
abords de la capitale sous peine de voir l'ennemi y porter

brusquement un coup fatal. Paris fortifié, c'est au contraire la pleine liberté de manœuvres pour l'armée de campagne dans tout le vaste échiquier compris entre la Seine, l'Yonne, l'Oise et la Meuse. — En admettant même la pire des éventualités, en supposant un reflux général, instinctif, désordonné des troupes vers Paris après une défaite à la frontière, le camp retranché parisien peut offrir encore un instrument efficace de salut. Il faut et il suffit pour cela que les défenses de la capitale remplissent ces deux conditions essentielles : rendre à peu près impossible un investissement complet par l'ennemi, faciliter aux troupes reformées la rentrée offensive en rase campagne.

Certains critiques militaires, parmi les plus autorisés, posent, il est vrai, presque en axiome aujourd'hui qu'une armée réfugiée dans un camp retranché et entourée par des forces à peine supérieures ne saurait, sans secours du dehors, reprendre avec succès la campagne contre l'ennemi qui l'investit. On appuie cette opinion tranchante de raisonnements théoriques plus ou moins spécieux, et l'on invoque ensuite les exemples saisissants de Metz et de Paris en 1870-71 et de Plewna en 1877. Les raisonnements *à priori* nous touchent peu, car le problème envisagé est trop complexe pour comporter théoriquement une solution unique et strictement déterminée. Il serait trop aisé d'opposer arguments logiques à arguments logiques. Les exemples tirés de récentes et éclatantes expériences historiques méritent plus de considération. Mais la question est de savoir s'ils sont vraiment pertinents et démonstratifs.

Or, il faut d'abord éliminer l'exemple de Metz. Le procès du maréchal Bazaine devant le conseil de guerre de Trianon a mis hors de doute un fait capital, à savoir que le commandant en chef de l'armée du Rhin n'a jamais eu l'intention sérieuse, la volonté ferme et arrêtée de faire sortir son armée du camp

retranché de Metz. Il y a eu à Metz des simulacres de sortie ;
il n'y a pas eu, un seul jour, pas plus le 31 août que le
7 octobre, d'essai réel de reprise des opérations en rase
campagne. Ce n'est pas une fatalité d'ordre militaire qui perdit
cette armée si vaillante et si malheureuse : c'est la politique
de son chef. Pour que son sort pût servir d'argument légitime
à la thèse de l'impossibilité de la rentrée en campagne d'une
grande armée momentanément réfugiée dans un camp
retranché, il faudrait qu'au lieu de tramer des intrigues
criminelles avec l'envahisseur, le maréchal Bazaine n'eût
songé qu'à briser le cercle de blocus. Il a négocié
traîtreusement au lieu de combattre. Son exemple ne prouve
donc rien dans l'hypothèse d'une brave armée sous les ordres
d'un chef fidèle et résolu.

L'expérience de Paris en 1870-71 est, au point de vue
technique, moins concluante encore. De ce que les Parisiens,
réduits à leurs propres ressources, n'ont pas réussi à forcer
les lignes d'invasion, il ne résulte pas qu'une armée régulière
placée dans des conditions analogues, y aurait échoué de
même. A part un noyau insignifiant de vieilles troupes, la
garnison de Paris ne comprenait, le jour de l'investissement,
qu'une masse encore incohérente de recrues de l'armée de
ligne, incapables de tenir la campagne, et la foule confuse
de gardes nationaux sans instruction, sans cadres et sans
discipline. En fait, au début du siège de Paris, il n'y avait
point d'armée investie dans le camp retranché. Celle qui
le 30 novembre 1870 tenta vainement, après d'admirables
efforts et d'héroïques sacrifices, de rompre les lignes
allemandes à Champigny, était une armée improvisée, créée,
équipée, disciplinée, formée pour ainsi dire de toutes pièces
depuis l'investissement. L'entreprise de cette armée, qui
n'était d'ailleurs point chimérique, même dans les conditions
où elle fut tentée, aurait vraisemblablement réussi, si elle

avait pu être exécutée plus tôt et par de véritables troupes régulières.

L'exemple de la capitulation d'Osman-Pacha à Plewna ne condamne pas davantage le système des camps retranchés. Il faut observer en premier lieu que la position de Plewna, ville ouverte qui fut transformée en forteresse par des travaux de campagne improvisés, ne constituait point une place analogue aux grandes places modernes telles que Strasbourg ou Metz, Lyon ou Belfort, encore moins un camp semblable au nouveau camp retranché parisien. Il convient de noter ensuite que si Osman-Pacha n'a pas ramené son armée intacte sur les Balkans après sa brillante série de succès défensifs, d'échecs sanglants infligés au pied des redoutes de Plewna aux Russes et aux Roumains, c'est que le vaillant général turc ne l'a pas voulu. Son vainqueur, l'illustre général Totleben, a exprimé, dans une lettre au général belge Brialmont, l'étonnement qu'il éprouva en constatant qu'Osman, au lieu de profiter, avant le passage du Vid par la garde impériale russe, de la route de Sophia libre encore, pour replier son armée sur ses lignes de communication avec Constantinople et la sauver de l'investissement, était demeuré passif à Plewna, cramponné à ses ouvrages, et avait laissé se fermer autour de lui un cercle de fer qu'il serait désormais impuissant à briser. Osman-Pacha, en effet, ne disposait plus, le jour où il fut forcé de mettre bas les armes, que de trente à quarante mille combattants valides bloqués par plus de cent cinquante mille des meilleurs soldats de l'armée russe.

La leçon pratique qui se dégage avec une indéniable autorité de ces exemples mémorables, de celui de Bazaine se repliant sur Metz les 17 et 19 août 1870, aussi bien que de celui d'Osman-Pacha s'obstinant à ne pas quitter Plewna malgré l'approche des nouvelles masses russes qui allaient couper derrière lui toute voie de retraite, c'est que le général qui séduit par la sécurité d'un camp retranché ou d'une position inaccessible aux attaques de front, s'y oublie, s'y opiniâtre, s'y laisse investir et bloquer, commet une faute grave, susceptible le plus souvent de devenir irréparable et désastreuse.

Les principes fondamentaux de la stratégie sont immuables et ce qui est vrai maintenant ne l'était pas moins avant l'invention du canon rayé et des armes à tir rapide. Les grandes guerres du commencement de ce siècle présentent des exemples mémorables soit de l'observation, soit de la violation des règles essentielles dans l'usage des camps retranchés. Nous ne citerons que pour mémoire Mack à Ulm, en 1805. Mais la campagne de 1810 dans la Péninsule ibérique nous a légué à cet égard un grand enseignement. Si, en effet, le 29 septembre 1810, lord Wellington qui campait encore sur les formidables hauteurs de Busaco, infructueusement assaillies de front l'avant-veille par les forces supérieures de Masséna, s'était obstiné à n'en point descendre lorsque l'apparition des dragons de Montbrun sur ses derrières lui eut révélé le mouvement tournant des Français; si Wellington s'était rivé à cette position invincible, s'y couvrant d'abris, de tranchées, de redoutes, sans contredit l'illustre capitaine anglais aurait pu, par sa constance et son impassible bravoure, acquérir des droits au surnom légendaire que lui ont donné ses compatriotes; il aurait mérité sans doute la gloire du vaillant général turc de Plewna, celle de tomber les armes à la main à la tête de ses braves soldats affamés; mais ce qu'il y a de bien certain, c'est qu'après une faute pareille, l'*iron duke* n'aurait ni chassé les Français de la Péninsule en 1813, ni vaincu Napoléon, deux ans plus tard, à Waterloo! Mais Wellington, dans ces conjonctures, n'eut garde de s'attarder et de donner à Masséna le loisir de compléter sa manœuvre enveloppante. Une route était encore libre.Wellington la saisit et se déroba. Puis il reprit froidement, sans trouble et sans hâte, sa méthodique retraite. Quelques jours plus tard, son armée, sauvée du péril, faisait halte et volte-face à l'abri des fameuses lignes de Torres-Vedras, le type idéal du grand camp retranché. Là, couvrant la capitale du Portugal, et gardant par le Tage et par la mer ses libres communications avec l'Angleterre; couvert sur son front par des ouvrages formidables, d'un développement assez étendu pour offrir, le jour de la reprise des opérations, les plus vastes et les plus faciles débouchés; défiant toute idée d'investissement et de blocus aussi bien que d'attaque de vive force, Wellington refit ses troupes à loisir, leur procura le repos, des renforts, des ravitaillements de tout genre, et attendit l'heure de ressaisir l'offensive avec supériorité. Cette heure venue, Wellington déboucha du camp de Torres-Vedras, et l'armée de Masséna harassée, diminuée, épuisée, appauvrie, affaiblie, menacée sur ses flancs et sur ses derrières, fut bientôt forcée d'évacuer précipitamment — semant derrière elle morts, blessés, traînards et matériel — ce Portugal qu'elle avait envahi, six mois auparavant, avec une supériorité si décisive!

Supprimez le camp retranché de Torres-Vedras, et Wellington aurait dû s'estimer heureux s'il avait eu seulement le temps de rembarquer ses bataillons, en abandonnant à la merci du vainqueur les alliés de l'Angleterre!

Est-ce trop présumer de la valeur militaire de Paris, avec ses fortifications nouvelles, que d'assimiler à celui du camp de Torres-Vedras le rôle qu'il pourrait jouer désormais au profit de la défense du sol national contre une invasion germanique momentanément victorieuse? Le seul fait de poser la question peut sembler téméraire, tant les analogies paraissent de prime abord lointaines entre notre Paris continental et la presqu'île entre le Tage et la mer qui servit de boulevard à la fortune de Wellington. Nous estimons, quant à nous, qu'avant de crier au paradoxe, il y a lieu de suspendre son jugement. Il convient, en effet, d'étudier d'abord le terrain et la fortification, de se rendre compte du but poursuivi et des moyens employés pour l'atteindre, de voir et de comparer, d'analyser enfin, à la vive lumière de l'expérience faite en 1870-71, les conditions absolument transformées que font dès à présent à la défense de Paris ces deux œuvres solidaires : les nouvelles fortifications et la nouvelle organisation militaire du pays. C'est la tâche que nous allons essayer d'accomplir dans la suite de ce travail. C'est après cette étude seulement qu'il sera permis de conclure.

# CHAPITRE III

Description du front nord de Paris. — Cours de la Seine. — La plaine nord. —
Hauteurs qui la flanquent. — Rôle de ces hauteurs dans le siège de 1870. — Forces
et positions de l'armée allemande de blocus devant le front nord. — Importance
stratégique de la plaine nord. — Les combats du Bourget. — Le plateau d'Avron.
— Emplacement des batteries prussiennes de siège. — Bombardement. — Attaque
sur Saint-Denis. — Attaque contre les forts du plateau de Romainville. — Résultats
négatifs. — Fautes des Allemands.

C'est sur le plateau qui se déroule entre les vallées de la
Marne et de l'Oise, sensiblement parallèles vers cette extrémité
de leur cours, que passent les principaux chemins qui ont
conduit sous Paris toutes les armées d'invasion venues du
Nord. Les routes nationales de Calais, de Lille, de Maubeuge;
la route de Strasbourg par Meaux, tous les chemins de fer
qui relient Paris à la Belgique et à l'Allemagne, entrent dans
Paris par la plaine élevée qui vient mourir entre Montmartre
et les buttes Chaumont. Ces considérations suffiraient seules
à marquer l'importance de ce secteur de la défense de Paris.

La vallée de la Marne débouche dans celle de la Seine
beaucoup plus près de la ville que la vallée de l'Oise. Il n'y a
que dix kilomètres environ des remparts de Paris à la ligne
des hauteurs qui bordent la rive gauche de la Marne; il y en
a vingt des bastions de Neuilly au confluent de l'Oise et de la
Seine. On sait qu'aussitôt après avoir reçu la Marne, la Seine
entre dans l'intérieur de Paris. Elle coule d'abord dans la
direction est-nord-ouest, reçoit la Bièvre sur sa gauche, forme

les îles Saint-Louis et de la Cité, au pied des hauteurs de
Sainte-Geneviève; rencontre plus loin, après avoir baigné les
quais du Louvre, des Tuileries et de la place de la Concorde,
les premières ondulations du sol s'élevant vers Passy;
s'infléchit au sud-ouest, et sort enfin de Paris au Point-du-Jour,
un peu avant de se heurter sur sa rive gauche au pied des
coteaux élevés de Meudon, de Sèvres et de Saint-Cloud. Le
cours du fleuve, dans l'intérieur de Paris, est de douze
kilomètres. A trois kilomètres à peine hors des murs, la Seine
rejetée au nord par la chaîne des collines qui couronnent la
berge méridionale du bassin immédiat de Paris, décrit une
brusque courbe et coule au nord-nord-est parallèlement aux
remparts jusqu'à Saint-Denis, où les premiers gradins des
hauteurs de Montmorency la rejettent au sud-ouest. D'une
courbe à l'autre, de Sèvres à Saint-Denis, le cours du fleuve
est d'environ 17 kilomètres. La distance moyenne entre
le fleuve et les remparts, durant cette portion du cours de la
Seine, dépasse à peine deux kilomètres. De Saint-Denis, une
nouvelle inflexion au sud-ouest conduit le fleuve au pied des
coteaux de Saint-Germain, d'où un troisième méandre le
ramène au nord.

C'est au haut de cette dernière courbe, avant son inflexion
complète vers le sud, que se place le confluent de l'Oise. Nous
décrirons plus complètement, dans un chapitre ultérieur, ce
secteur nord-ouest que la Seine couvre si curieusement de ses
énormes replis.

Le voyageur qui se rend à Paris en suivant une des grandes
routes ou des voies ferrées du Nord, celle de Maubeuge-Laon-
Soissons, par exemple — c'est la voie directe de Berlin, — ne
peut manquer d'être frappé, en approchant de Paris, d'un trait
caractéristique de la topographie du terrain qu'il parcourt:
c'est une plaine immense, sans ondulations sensibles, qui se
déroule sous ses yeux. De Dammartin à Paris, sur une étendue

de trente kilomètres — une étape exceptionnelle pour une grande armée moderne, — pas un accident de terrain, pas un renflement, pas une dépression appréciable ne viennent troubler l'horizontalité apparente du sol. De rares ruisseaux paresseux tracent à peine un léger sillon dans la plaine. De quelque côté qu'on regarde, ce n'est qu'au loin que des collines vaporeuses estompent le ciel par les jours de temps serein. En effet, si la plaine compte en longueur environ 30 kilomètres ininterrompus de Dammartin à Paris, sa largeur entre les hauteurs de Claye au sud-ouest et les mamelons avant coureurs des collines de Luzarches au nord-est, n'est pas inférieure à 25 kilomètres. Sur cette plaine, l'un des greniers de l'île de France, la charrue a passé partout. Nulle forêt, sauf au sud-ouest, au pied des collines le long du canal de l'Ourcq, pas même de bouquets de bois, çà et là des arbres isolés ou de minces lignes de peupliers jalonnant les chemins; pas de haies vives, pas de murs de clôture; on dirait un immense champ sans limites. Les fermes isolées sont rares; les villages, populeux et serrés. Là, nul de ces obstacles naturels auxquels une armée se cramponne et que des retranchements improvisés rendent parfois infranchissables. En dehors des villages, qui sont d'ailleurs en général assez éloignés les uns des autres pour pouvoir être aisément débordés et tournés, il n'existe point de barrière ni d'obstacle défensif pour couvrir une troupe luttant contre un ennemi supérieur en nombre. Le pays, plat et découvert, facilite les manœuvres et donne au tir du canon et du fusil de précision toute sa redoutable efficacité. Jusqu'à la hauteur de Gonesse, à 12 kilomètres de l'enceinte de Paris, la plaine est si large que les flancs d'une armée, même très grande, y restent nécessairement sans appui.

A mesure qu'on approche de Paris, la plaine, il est vrai, se rétrécit; les collines, qu'on apercevait à peine à droite et à gauche à l'horizon lointain, se rapprochent; elles se profilent de plus en plus nettement sur le ciel. A gauche, c'est une longue ligne décrivant une courbe à peine sensible, arête continue aux pentes rapides, aux crêtes le plus souvent boisées. A l'observer de la plaine, elle semble se lier sans interruption aux hauteurs escarpées de Rosny, de Romainville et de Pantin, que couronnent les forts et les redoutes du plateau qui, par ses rampes méridionales, plonge sur les vieux quartiers de Paris. C'est le long de cette chaîne de coteaux, à un kilomètre environ du pied, que court le canal navigable de l'Ourcq.

A droite, l'aspect des collines qui bordent la plaine est très différent; ce n'est plus une chaîne régulière, continue, mais bien un ensemble confus, au premier aspect, de mamelons arrondis et de hauts massifs. Au premier plan, les mamelons de Garges et de Stains, dominés eux-mêmes à moins de trois kilomètres en arrière par les buttes de Sarcelles, de Montmagny, de Pierrefitte. Au nord de cette dernière, sur le prolongement de la ligne légèrement convexe qui joint le sommet des trois, se dresse, commandant au loin et la plaine et les buttes inférieures, la colline isolée d'Écouen, aux flancs boisés, que les tours de son château historique, émergeant du feuillage, signalent de loin aux yeux du voyageur. Par delà enfin cette ligne de faîtes se dresse la masse comparativement énorme et imposante du plateau de Montmorency. La forêt en couvre les flancs et les crêtes, tandis que la petite ville s'étage sur la pente méridionale. Une longue croupe orientée vers l'ouest prolonge le plateau. Plus au sud, et parallèlement à la forêt de Montmorency, la chaîne isolée d'Orgemont-Sannois-Cormeilles, qu'on aperçoit s'élever au-dessus de Saint Denis, achève de barrer l'horizon de la plaine.

Il n'est pas besoin de longues réflexions pour comprendre que le système de hauteurs formé par Montmorency, Écouen,

Stains, Sannois, Cormeilles, est la clé non seulement de la plaine au nord de Paris, mais encore de tout le plateau depuis les collines du sud-est jusqu'aux rives de l'Oise.

C'est ce massif qui fournit en 1870-71 à l'armée prussienne le magnifique point d'appui de l'aile droite de sa ligne d'investissement du frond nord, tandis que l'aile gauche s'arcboutait aux excellentes positions du Raincy-Montfermeil, plateau terminal où s'épanouit l'arête que nous avons indiquée bordant la plaine au sud.

Les batteries prussiennes étagées sur le demi-cercle de hauteurs convergeant sur Saint-Denis, du moulin d'Orgemont à Pierrefitte et à Stains, interdisaient en effet aux assiégés tout débouché par les routes qui divergent en éventail, au sortir de Saint-Denis, vers Pontoise, Méry, Beaumont, Creil, Senlis, Soissons et tout le nord. Le IVe corps prussien occupait, sur un front relativement resserré — moins de six kilomètres, — cette série de positions dominantes qui défendues par la nature et par l'art, auraient défié les efforts de troupes aguerries et supérieures en nombre. A l'aile gauche, le XIIe corps allemand (saxon), puissamment retranché sur les hauteurs entre le canal de l'Ourcq et la Marne, interdisait de même toute attaque sérieuse par la route de Claye-Meaux ou par celle de Chelles-Lagny, le long de la rive droite de la Marne. Le front à couvrir ne dépassait pas non plus six kilomètres, et la nature des lieux rendait aisée la défense contre un ennemi, même supérieur en nombre, mais forcé d'aborder de front ces hauteurs retranchées à loisir et déjà naturellement si fortes.

Entre Stains et le canal, à l'entrée de la plaine qui n'a plus là que huit à neuf kilomètres de large, se tenait la garde royale prussienne. Le petit ruisseau de la Morée, artificiellement grossi par la dérivation des eaux de l'Ourcq, couvrait son front, en avant duquel de forts détachements occupaient comme poste d'observation le village du Bourget. La ligne à couvrir par la garde royale était sans doute un peu longue; mais la sécurité absolue des flancs, la rapidité avec laquelle les IVᵉ et XIIᵉ corps pouvaient, soit expédier des secours à la garde, soit se jeter eux-mêmes en descendant des hauteurs sur les flancs et les derrières de l'armée de sortie dès qu'elle aurait atteint la vraie ligne de bataille préparée de Dugny à Aulnoy par le Pont-Iblon et le Blanc-Mesnil, constituaient autant de conditions favorables compensant très largement l'obligation de recevoir l'attaque en terrain plat et découvert. Il suffisait de trois ou quatre heures aux Allemands pour faire appuyer la garde par une division du IVᵉ et une du XIIᵉ corps, c'est-à-dire pour réunir sur ce front soixante mille hommes et deux cents pièces de canon, force assurément suffisante pour garnir solidement une ligne de bataille de huit kilomètres dont les ailes sont garanties contre tout mouvement tournant. Cette difficulté extrême de déboucher, avec quelques chances de succès, sur la plaine au nord de Paris, s'imposa avec tant de force aux chefs militaires de la défense, qu'aucune tentative sérieuse de rupture des lignes prussiennes ne fut tentée de ce côté. Et cependant, la plaine au nord de Paris — le plateau entre Oise et Marne — est bien incontestablement l'un des terrains les mieux désignés pour la rentrée décisive en campagne d'une armée française refaite sous la protection des fortifications de la capitale.

Il est certain, par exemple, que durant le grand siège de 1870-71, si Paris avait renfermé dans ses murs une armée assez nombreuse, assez solide et assez bien commandée pour assaillir avec succès et rompre complètement les trois corps d'armée prussiens (90,000 hommes) qui formaient l'armée d'investissement du front nord, la victoire remportée sur ce terrain aurait pu entraîner d'incalculables conséquences. La plaine au nord-est de Saint-Denis est pour une grande armée moderne à deux marches de Versailles. En y débouchant victorieuse et en chassant vers le nord la fraction d'armée de blocus qui y campait, l'armée française de sortie aurait coupé ces trois corps de leurs communications avec le quartier général de Versailles et le gros de l'armée allemande. Celle-ci aurait été forcée, pour se concentrer, de faire une longue marche de flanc, avec la Seine à franchir au sud de Paris et le plateau de la Brie à traverser, avant de pouvoir rallier sur la Marne les corps battus et poursuivis à outrance. Or, l'armée victorieuse, par le seul fait de la situation géographique de la plaine au nord-est de Saint-Denis, aurait toujours été en mesure de devancer sur la Marne les têtes de colonne de l'armée allemande de Versailles. Elle aurait eu par conséquent de grandes chances de trouver les divers corps en marche isolés les uns des autres, allongés, séparés, ce qui lui aurait peut-être permis de les accabler séparément. Si l'on réfléchit en outre à cette circonstance capitale que tout pas en avant sur les plateaux entre Oise et Marne aurait conduit l'armée sortie de Paris sur les lignes d'étapes, sur les dépôts, les magasins, les parcs, les voies ferrées, les chemins de communication de toute sorte de l'armée d'invasion avec l'Allemagne, on reconnaîtra combien décisive pour la défense et désastreuse pour l'assiégeant aurait pu devenir une bataille gagnée sur les corps d'investissement du secteur nord.

Il est vrai que l'absence de toute armée régulière dans l'enceinte du camp retranché parisien permettait en 1870-71 au quartier général allemand de ne point redouter une telle éventualité.

L'abstention des chefs militaires de la défense de Paris n'est donc pas sans justification; car, indépendamment de l'insuffisance de leurs troupes pour une entreprise de ce genre, l'occupation par l'ennemi des deux formidables bastions naturels qui commandent la plaine nord — le

système orographique de Montmorency d'une part, celui de
Montfermeil-Le-Raincy-Vaujours de l'autre, — condamnaient
en 1870 l'offensive directe d'une armée parisienne sur ce front
à un échec malheureusement à peu près certain.

La surprise par les nôtres du village du Bourget qui servait
de poste de surveillance à la garde prussienne en avant du
fossé inondé de la Morée, et sa reprise le surlendemain
30 octobre 1870 par la garde royale prussienne après une
lutte sanglante, ne furent que des épisodes, des accidents
sans lien, au point de vue militaire, avec le plan général de
la défense de Paris.

L'attaque renouvelée plus tard, le 21 décembre, bien qu'elle
ait été préparée avec tout l'appareil d'une entreprise sérieuse,
ne paraît pas pouvoir être considérée non plus comme une
réelle tentative de rupture des lignes prussiennes au nord de
Paris. La mollesse de l'offensive — sauf de la part des
intrépides marins du capitaine de frégate Lamothe-Tenet, —
et la promptitude avec laquelle le gouverneur de Paris
suspendit le mouvement du général Ducrot sur la ligne de la
Morée, ne permettent pas de croire que, dans l'esprit du
président du gouvernement de la défense nationale, les
opérations du 21 décembre aient jamais eu d'autre objet
qu'une simple démonstration dont nous n'avons pas à
apprécier ici les motifs.

Quant à l'attaque dirigée le même jour par le général
Vinoy sur les positions des Saxons, le long de la rive droite
de la Marne, au pied méridional du massif de Montfermeil, elle
n'avait d'autre portée que celle d'une diversion insignifiante.
Ce combat n'aurait jamais eu le moindre retentissement si
par une bizarrerie étrange du sort, le seul homme tué parmi
les nôtres n'avait été le général Blaise, commandant la
brigade qui occupa, fort aisément du reste, un poste avancé
des Saxons à la Ville-Évrard.

Ainsi, quatre-vingt-dix mille Allemands, ou même moins, car les effectifs des troupes de siège furent rarement au complet — suffirent pour bloquer avec efficacité tout le front de Paris entre Marne et Oise. Grâce à la possession des hauteurs qui viennent commander les abords de la capitale et le débouché dans la plaine vers Saint-Denis d'un côté, vers Bondy de l'autre, les assiégeants purent aisément en interdire l'accès aux troupes de sortie. Cette plaine était la clé stratégique des lignes d'investissement. Les défenseurs de Paris en furent réduits à ne pas même la menacer. On demeura donc sur la simple défensive sur tout ce front. Et il faut convenir qu'à part la guerre de chicane, trop négligée peut-être par l'assiégé, il n'y avait rien de mieux à faire de ce côté. Ce n'aurait pas été trop, en effet, de cinq corps d'armée de troupes de ligne de premier ordre pourvues d'une artillerie excellente, c'est-à-dire d'une supériorité numérique décisive en hommes et en canons, pour rompre et enfoncer les lignes de la garde royale le long de la Morée, enlever d'assaut les hauteurs retranchées du Raincy aux Saxons, et débusquer les Prussiens du IVe corps des hauteurs de Stains, de Pierrefitte et de Montmorency. Or, si Paris renfermait un nombre pour ainsi dire illimité d'hommes courageux, ardents et dévoués, il ne possédait pas même l'équivalent d'un seul corps d'armée composé de véritables soldats.

La défense fut donc passive. Voyons ce que fut l'attaque.

Si pendant la première période du siège, l'armée ennemie borna son ambition à maintenir hermétiquement le blocus, elle essaya cependant, dès la fin de décembre 1870, quand elle eut reçu son artillerie de siège, d'assaillir sérieusement la place et de la prendre par le bombardement ou l'attaque régulière.

Nous avons déjà sommairement décrit les hauteurs bordant la plaine, entre le canal de l'Ourcq et le versant de la Marne, sur lesquelles s'appuyait l'aile gauche prussienne. La crête étroite qui court d'abord de l'est à l'ouest, s'épaissit et s'épanouit aux approches de Paris, de manière à former un plateau dont les pentes terminales font face aux revers extérieurs du plateau de Romainville. De l'éperon du Raincy à la pointe dominant la plaine de la Marne, entre Chelles et Gournay, le front des crêtes se développe sur 4 kilomètres environ. Les villages de Villemomble et de Gagny en marquent le pied. Le commandement des crêtes est de plus de 50 mètres. Du même éperon du Raincy au saillant du plateau de Romainville, qu'arme le fort de Rosny, la distance à vol de boulet ne dépasse pas 4 kilomètres; elle est de 6 entre la côte au-dessus de Gagny et l'éperon de Nogent. Un remarquable accident de terrain se produit entre les deux plateaux parallèles. Dans l'intervalle large de 4 à 8 kilomètres qu'ils laissent entre eux — trouée qui, si elle était libre d'obstacles, ouvrirait un large espace formant en quelque sorte un vaste plan incliné de la plaine Saint-Denis vers la vallée de la Marne, — s'interpose la colline isolée d'Avron aux lignes mollement arrondies. La grande pelouse qui en marque le faîte, est une plate-forme à peu près horizontale mesurant 2 kilomètres de long sur une largeur moyenne de 600 à 700 mètres. Inférieure à peine de quelques mètres en altitude aux hauteurs du Raincy et de Gagny d'une part, à celles de Rosny et de Nogent de l'autre, elle domine de haut la plaine nord vers Bondy, et au sud la vallée de la Marne. La voie ferrée de Paris à Strasbourg emprunte, pour gagner les bords de la Marne, la dépression qui sépare Avron du plateau du Raincy-Gagny-Montfermeil, tandis que la ligne de Mulhouse emprunte la dépression opposée, sous le canon du fort de Rosny.

Le plateau d'Avron, par la netteté de ses contours, la déclivité de ses pentes, l'horizontalité de son sommet et ses vues dominantes au nord et au sud, pouvait sembler destiné à un rôle militaire important. Divers épisodes du siège ont même popularisé le nom d'Avron. La position néanmoins n'a jamais été d'intérêt essentiel. Les Prussiens l'avaient occupée dès le début comme un bon poste d'observation pour les vedettes du XII<sup>e</sup> corps; mais ils n'avaient pas même essayé d'y élever des batteries que le gros canon des forts de Rosny et de Nogent et des batteries intermédiaires, tirant à excellente portée, de 2 à 4 kilomètres, aurait certainement balayées. Les Français l'occupèrent le 28 novembre, sans résistance sérieuse. Ils couronnèrent la pelouse de batteries que le manque de pièces de gros calibre ne permettait pas encore aux Allemands de contrebattre. Mais quand vers la fin de décembre, les assiégeants eurent réussi à hisser enfin sur les crêtes de Gagny et du Raincy les pièces de siège dont la chute de Metz et de Toul avait rendu le transport possible par voies ferrées, c'est sur nos batteries d'Avron que se concentra d'abord le feu des canons allemands. Au tir de ces batteries — dressées à moins de 2 kilomètres du plateau — s'ajoutait celui des batteries de Chelles et de Noisy-le-Grand sur la rive gauche de la Marne, qui, malgré la distance, prenaient les nôtres cruellement à revers. On ne tint que deux jours sur Avron avec quarante-trois pièces dont, à la vérité, une douzaine seulement de gros calibre pouvaient riposter efficacement à l'ennemi. Nous évacuâmes Avron; mais l'ennemi n'essaya pas d'y mettre un canon en batterie.

Avron évacué — ce qui se fit au milieu de difficultés inouïes mais régulièrement et sans abandon de matériel, — les batteries prussiennes concentrèrent leur feu sur les forts de Noisy, de Rosny et de Nogent. Le plateau de Romainville — que ces forts couvrent au nord et à l'est — est, nous l'avons dit, l'une des clés de Paris. La nature du terrain opposait heureusement de ce côté des obstacles énormes à une attaque

régulière. S'il était difficile à une armée parisienne de sortie
de débusquer les Allemands des hauteurs du Raincy-
Montfermeil, retranchées par eux à loisir, il était infiniment
plus difficile encore, sinon impossible, à l'armée allemande de
prendre pied sur les hauteurs que couronnaient les forts de
Romainville, Noisy, Rosny et Nogent. L'éloignement des
batteries — la plus rapprochée tirait à une lieue — ne
permettait pas, notre feu eût-il été momentanément éteint,
d'essayer une attaque de vive force. Gravir les pentes du
plateau sous le feu d'une infanterie que ces canonnades
lointaines n'inquiétaient guère, était une entreprise par trop
téméraire; on n'y songea même pas dans le camp assiégeant.
Quant au bombardement de la ville même, il était impossible
de ce côté. Les batteries prussiennes les moins éloignées —
celles de l'éperon du Raincy — étaient à plus de 9 kilomètres
de l'enceinte fortifiée, à plus de 12 des quartiers populeux de
la ville, c'est-à-dire hors de portée.

Ce combat d'artillerie, néanmoins, accusa nettement les
défectuosités de la fortification de 1840. Les forts construits
selon le système classique de Vauban, très appropriés à la
défense rapprochée contre une artillerie dont le tir efficace ne
commençait guère qu'à quelques centaines de mètres du rempart, n'offraient qu'un moyen de défense très insuffisant contre
une artillerie de siège rayée, dont les projectiles tirés d'une
lieue crevaient néanmoins les casemates de nos ouvrages.
Formés en général de quatre fronts bastionnés, les forts
enceignaient une cour intérieure où s'élevaient les casernes
destinées à la garnison. Ces casernes devinrent intenables au
premier début de la canonnade. Quant aux casemates étroites,
humides, obscures, malsaines, pratiquées sous le rempart,
elles ne donnèrent aux défenseurs que l'illusion de la sécurité.
Incapables de supporter le tir plongeant des projectiles de
75 à 80 kilogrammes, elles étaient de plus exposées aux coups

sur l'escarpe, l'épaisseur de maçonnerie étant tout à fait insuffisante. Dès les premiers jours, le fort de Rosny eut des escarpes endommagées, des casemates crevées, des hommes tués et blessés dans les abris. Toutefois, si les ouvrages souffrirent, la possession du plateau de Romainville ne fut pas mise un seul instant en péril. Les défenseurs, dont le zèle, la ténacité et l'énergie dépassèrent tout éloge, réparaient les dégâts à mesure qu'ils se produisaient, si bien qu'un mois après l'ouverture du feu sur ce front, l'ennemi n'était pas plus avancé qu'au début.

Il n'en était pas tout à fait de même du côté de Saint-Denis. Depuis longtemps ce front avait été signalé comme un des points faibles de la fortification de Paris. Il formait dans l'ancien système un saillant dominé de toutes parts, à portée efficace de la grosse artillerie rayée. La chute des ouvrages de Saint-Denis aurait permis à l'ennemi de cheminer entre la Seine et le rempart, et peut-être même, sans attendre la prise du fort de l'Est, de dresser aux abords de Clichy des batteries de bombardement en mesure d'atteindre les quartiers les plus populeux de Paris.

Les Prussiens, cependant, ne dirigèrent sur nos positions de Saint-Denis qu'une attaque tardive et fort médiocrement conduite. Le feu des batteries de siège ne fut réellement ouvert que le 21 janvier. Le fort de l'Est souffrit peu; la Double-Couronne, quoique très éprouvée, était encore, le 26 janvier, en assez bon état. Le front de la Briche, il est vrai, avait énormément souffert, sans cependant donner d'inquiétudes immédiates. L'assiégeant n'aurait pu risquer l'assaut qu'après l'ouverture d'une deuxième parallèle, ce qui eu égard aux moyens de résistance pied à pied que possédait la garnison, aurait reculé bien longtemps encore la chute des ouvrages.

C'est une opinion très répandue parmi les ingénieurs

militaires français, qu'une attaque régulière sur l'ensemble des défenses de Saint-Denis, mieux combinée, moins tardive et plus énergiquement menée, aurait réussi,. malgré toute la vaillance de la défense, et aurait pu entraîner la chute de Paris bien avant l'expiration des vivres. C'est en particulier le sentiment d'un des plus éminents de nos officiers généraux du génie. Toutefois, l'insignifiance relative des résultats obtenus, laisse le champ libre aux controverses. Qui peut affirmer, étant donnée la répugnance des Prussiens pour tout assaut contre un front régulièrement fortifié, que les bastions de Saint-Denis n'auraient pas retenu l'assiégeant aussi longtemps sur leurs glacis que le retinrent jadis, en Crimée, les bastions improvisés du Mamelon-Vert, du grand ou du petit Redan, devant Sébastopol?

# CHAPITRE IV

Défense nouvelle du front nord. — Description du massif de Montmorency. — La fortification du plateau. — Les nouveaux forts : Domònt, Montlignon, Montmorency; la batterie de Blémur. — Positions d'Écouen et de Stains. — Propriétés défensives et offensives du système des forts de Montmorency. — Rôle capital de cette position dans la défense du front nord.

Mettre désormais Saint-Denis complètement à l'abri d'une attaque, se ménager le commandement de la plaine nord, la dominer et la tenir de manière à pouvoir y déboucher en grandes masses en choisissant librement les points d'attaque, tel a été le but ambitionné par les auteurs du nouveau plan de défense.

Nous en avons assez dit au sujet de la topographie de ce secteur, pour qu'il soit aisé de comprendre que la solution a été cherchée dans l'occupation du système des hauteurs de Montmorency d'une part, et de celui des hauteurs du Raincy-Montfermeil de l'autre.

A 6 kilomètres au nord de Saint-Denis et du coude septentrional de la Seine, se dresse, dominant les plaines, les commandant au loin, le plateau de Montmorency. C'est sans contredit un des accidents les plus remarquables du bassin de Paris. Il ne s'agit point d'une simple butte isolée comme Montmartre, ni d'un mamelon énorme comme celui que couronne le Mont-Valérien, ni de l'épanouissement terminal d'une arête continue comme le massif de Montfermeil. Une sorte de pyramide à base quadrilatérale, de 10 kilomètres de tour, tronquée à 130 mètres d'élévation au-dessus de la plaine, voilà l'image, l'esquisse approximative de cette remarquable formation. La face qui regarde la Seine est orientée du sud-est au nord-ouest sur une ligne de 3 kilomètres. La face est est profondément échancrée par un ravin qui rompt la régularité du profil et fait des deux sommets d'angles deux éperons surplombant la plaine à l'est, et laissant entre eux deux une entaille énorme. A la face nord, la figure moins irrégulière mesure environ 3 kilomètres, tandis que le rebord occidental se développe en ligne droite sur 2 kilomètres environ.

Sur tous les fronts de cette énorme terrasse, les pentes sont raides, abruptes en divers points, difficiles partout. Le sommet est plat. Il y a là 4 ou 500 hectares de terrain cultivable et découvert. Il suffit de gravir Montmorency, de parcourir les arêtes du sommet, pour se pénétrer de l'importance capitale de la position. Au sud, à l'est, au nord, le champ visuel est immense; une des plus admirables vues dont on puisse jouir dans ces environs de Paris, si justement renommés pour leur beauté pittoresque. Au sud, l'éperon qui surplombe la gare et les villas les plus élevées de Montmorency, fournit un belvédère d'une portée superbe. La plaine de Saint-Denis, la presqu'île de Gennevilliers, Paris tout entier, ses banlieues populeuses, se déroulent sous les regards ravis du spectateur. Les hauteurs d'où l'artillerie prussienne foudroyait la ville de Saint-Denis semblent à peine boursoufler la plaine inférieure. De l'éperon nord-est, le regard plane au nord à des distances qui semblent démesurées tant l'insensible déclivité du sol recule l'horizon aux yeux de l'observateur. Le regard ne s'arrête qu'aux sommets boisés qui se dressent par-delà Luzarches vers les rives de l'Oise. Le mamelon d'Écouen, au premier plan, rompt seul l'uniformité presque indéfinie de la plaine.

Vers l'ouest seulement la vue est directement bornée. Une

dépression profonde sépare le plateau des croupes parallèles, allongées, sillonnées par des vallées profondes, sur les sommets et sur les flancs desquelles se développe la forêt de Montmorency. De splendides futaies, sur lesquelles le regard plonge, couvrent le flanc occidental du plateau, le fond du fossé naturel et les pentes qui se redressent en face. Il n'y a qu'une faible distance à vol d'oiseau entre la corniche du plateau et les premiers sommets de la forêt; mais la profondeur du vallon compense militairement ce désavantage.

Trois forts, dont un de premier ordre, ont transformé ce bastion que la nature semble avoir dressé pour la défense de toute la région au nord de Paris en une place d'armes formidable.

Le premier de ces forts nouveaux se dresse immédiatement au-dessus de la ville de Montmorency, à l'angle sud-est de la terrasse; le deuxième occupe la plaine de Champeaux, à l'angle sud-ouest du même front, immédiatement au-dessus des villages d'Andilly et de Montlignon; le troisième, le plus important, s'élève sur la crête nord, directement au-dessus du village de Domont. Il a pour annexe une batterie casematée à l'éperon nord-est, au-dessus de Blémur, au point culminant le plus rapproché à vol d'oiseau de la crête d'Écouen. Les trois forts sont à une distance respective qui varie de 2 à 3 kilomètres. C'est dire que la plate-forme supérieure de l'énorme terrasse est tout entière sous le feu croisé de l'artillerie et de la mousqueterie des ouvrages. Une enceinte continue ne donnerait pas au plateau une sécurité plus parfaite.

La vue extérieure des nouveaux forts suffit pour révéler au spectateur, même peu versé dans la connaissance technique des travaux du génie militaire, le changement considérable qui s'est produit dans les méthodes de fortification. Tout le monde connaît les formes générales des ouvrages bastionnés

à la Vauban. Quiconque a vu soit Paris, soit quelque place
frontière, est familier avec le profil de ces remparts maçonnés
à courtines flanquées de bastions, formant une succession
régulière de saillants et de rentrants peu élevés au-dessus du
sol, se rasant pour ainsi dire et évitant les vues lointaines. Les
nouveaux forts de Paris frappent au contraire par le relief de
leurs terrassements, qui commandent au loin le terrain
environnant; ils ne se caractérisent pas moins, à la différence
des anciens forts étoilés, par la régularité polygonale presque
circulaire de la ligne des remparts. On ne distingue plus de
bastions, rien qu'une crénelure énorme formée par la succession
des traverses épaisses qui protègent les pièces en batterie.
Quand on approche des glacis et qu'on jette un coup d'œil sur
les fossés, d'une profondeur généralement fort considérable,
on s'aperçoit que la défense contre les attaques rapprochées a
été transportée dans le fossé même. De grandes caponnières
casematées disposées d'angle en angle, invisibles du terrain
extérieur, balaient de leurs feux le fond du fossé et les
escarpes du rempart, tout en se flanquant mutuellement avec
autant d'efficacité que les anciens bastions. Ce système
d'origine française, car les principes en furent enseignés par
Montalembert, pratiqué en premier lieu en Autriche et en
Allemagne, repris et perfectionné tout récemment dans notre
pays, répond mieux que l'ancienne méthode aux conditions
nouvelles faites à la défense des places par les progrès récents
de l'artillerie. Sans entrer dans des détails techniques au sujet
desquels nous n'aurions point de compétence suffisante, il
nous suffira de dire que la supériorité du système nouveau
réside surtout dans la puissance des abris casematés, à
l'épreuve des projectiles les plus formidables, qui donnent une
sécurité complète à la garnison, tandis que l'installation des
batteries et leur commandement élevé sur le sol environnant
permettent de porter à son maximum d'intensité la puissance

destructive de l'artillerie qui les arme. De tels forts, pourvus d'une garnison peu nombreuse, mille à douze cents hommes pour les plus considérables, sont non seulement à l'abri de toute attaque brusquée, mais, pour peu que la situation topographique soit favorable, deviennent fort capables de supporter presque indéfiniment une attaque en règle. La portée et la précision de la nouvelle artillerie de rempart ont d'ailleurs étendu à un degré qu'on aurait jugé chimérique en 1840, le rayon d'action des forts. Les pièces rayées d'acier de 155 millimètres récemment adoptées conservent à 6 et 8 kilomètres de distance une justesse et une pénétration que la vieille artillerie n'avait pas à 2 kilomètres.

La zone dangereuse autour des forts s'est donc démesurément agrandie, à l'avantage décisif de la défense. Deux forts armés des nouvelles pièces croiseront leurs feux, quoique distants de 6 à 8 kilomètres, aussi efficacement que les vieux forts séparés par des intervalles de 2,500 à 3,000 mètres seulement.

Ces conditions suffisent à faire comprendre comment le massif de Montmorency, avec les forts couronnant ses éperons d'angle, constitue désormais une gigantesque citadelle de 10 kilomètres de tour, parfaitement indépendante de Paris, et commandant de haut tout le revers nord du bassin parisien.

Le fort de l'éperon sud-est — le fort proprement dit de Montmorency — tient sous son canon, c'est-à-dire sous sa protection, Saint-Denis, ses ouvrages et l'ancien fort de l'Est. Son tir plongeant rendrait absolument intenables toutes les positions intermédiaires : le moulin d'Orgemont, la butte de Pierrefitte, la butte Pinçon, la hauteur de Stains, sur lesquelles les Prussiens, en 1870-71, avaient établi leurs batteries. La différence de niveau entre la plus élevée de ces positions et les cavaliers du fort atteint près de 80 mètres.

Le fort de Montlignon, à l'éperon sud-ouest, non seulement

défend la plate-forme contre toute attaque venue de la forêt de Montmorency, mais couvre au loin de ses feux la plaine, large au début de 6 kilomètres, comprise entre les lignes parallèles de la forêt et de la haute croupe, déjà indiquée, qui depuis le moulin d'Orgemont, près d'Argenteuil, jusqu'au haut promontoire de Cormeilles-en-Parisis, barre, entre les sommets des deux courbes de la Seine, la presqu'île formée par le repli du fleuve à Saint-Germain. Dans cette plaine qui s'élargit à mesure qu'on avance vers l'ouest, et s'épanouit bientôt, sur une largeur de plus de 12 kilomètres, vers le confluent de l'Oise et de la Seine, courent, tenues sous le canon du fort, les routes de Paris à Dieppe, de Paris à Rouen par Pontoise, de Paris à Beauvais par Méry, ainsi que la voie ferrée de Dieppe, sur laquelle s'embranche, près de Pontoise, le chemin de fer de la vallée de l'Oise.

L'arête d'Argenteuil à Cormeilles, qui va s'élevant graduellement de 123 mètres au moulin d'Orgemont, à 171 mètres à son point terminal au-dessus de Cormeilles; arête longue de 7 kilomètres, étroite, en dos d'âne, s'épanouissant à peine à son terme en un plateau de quelques centaines de mètres carrés; cette arête, de l'origine de laquelle (butte Sannois et moulin d'Orgemont) on pourrait tirer efficacement contre Saint-Denis, garde maintenant, de concert avec Montmorency et Montlignon, tous les abords du côté de l'ouest et tous les débouchés directs vers la plaine de l'Oise. Un fort de premier ordre couronne le plateau terminal, au-dessus de Cormeilles. De Sannois au grand fort, s'échelonne une série de redoutes prêtes à recevoir, au moment voulu, une puissante artillerie qui, croisant ses feux avec ceux de Montlignon, assurerait la possession de la plaine intermédiaire et prendrait en écharpe toutes les batteries que l'ennemi pourrait tenter d'établir sur les croupes de la forêt de Montmorency, depuis Saint-Prix jusqu'à Bessancourt. Nous verrons plus tard quel rôle les ouvrages de cette arête jouent d'autre part, au point de vue de la défense du front de Paris tourné vers la basse Seine.

Mais il est temps de revenir au plateau. Le grand fort du front nord, celui de Domont, et son annexe la batterie de Blémur, n'ont vue ni vers Paris, ni vers Saint-Denis, ni sur les anciens campements de l'armée de blocus de 1870-71. C'est au loin, dans la direction du nord, dominant la plaine qui se déroule jusqu'à Luzarches d'une part, jusqu'aux bords de l'Oise de l'autre, que regardent les quatre-vingts pièces de gros calibre dont leurs batteries sont garnies. Le chemin de fer d'Amiens par Montsoult, les routes de l'Isle-Adam, de Beauvais par Beaumont-sur-Oise, de Précy et de Chantilly par Luzarches, débouchent en plaine sous le feu de Domont. D'un seul côté, celui de l'ouest, Domont est à portée de canon de hauteurs d'un niveau équivalent. Une batterie dressée sur la croupe nord de la forêt de Montmorency, aurait des vues sur le fort; mais la distance, supérieure à 2 kilomètres et la dépression large et profonde qui sépare la croupe de la forêt de l'éperon nord-ouest du plateau, rendraient ce tir peu gênant pour un ouvrage pourvu d'aussi puissants abris.

Du reste, l'occupation des croupes de la forêt par l'assiégeant serait une opération difficile et téméraire en présence d'une défense active. Domont, quoi qu'il en soit, étendra le rayon d'action de l'artillerie de la défense jusqu'aux extrémités de la plaine nord, aux pieds des premières pentes des hauteurs qui bordent l'Oise, c'est-à-dire jusqu'à près de 30 kilomètres au nord de Notre-Dame ou de l'Hôtel de Ville de Paris.

A cette citadelle colossale, il fallait des ouvrages avancés proportionnels. Montmorency, d'ailleurs, laissait trop loin à l'est les voies ferrées et les grandes routes qui débouchent de Paris vers Compiègne, Soissons et Reims, par la plaine proprement dite de Saint-Denis. Aussi deux ouvrages, les forts d'Écouen et de Garges (ou de Stains), donnent-ils, au nord et à l'est, un premier étage de feux.

Le fort de Stains occupe l'emplacement de l'une des batteries prussiennes du siège. Il est construit sur un renflement de terrain assez faible dominant néanmoins de très près Dugny, Garges, Gonesse, et balayant de ses feux la ligne de la Morée, qui servit de front d'investissement à la garde royale prussienne. Stains croise ses feux avec le vieux fort de l'Est et la Couronne de Saint-Denis, dont il est distant d'un côté de 4 à 5 kilomètres, et avec Écouen de l'autre à distance pareille.

Montmorency se dresse derrière, dominant et protégeant Stains à 6 kilomètres de distance. A la moitié de cet intervalle sont les buttes isolées de Pierrefitte, gradins avant-coureurs du plateau. Dominées de trop près par Montmorency, elles ne pourraient pas recevoir de batteries ennemies; car, en les supposant accidentellement occupées, leur situation à l'intérieur du triangle, Écouen, Montmorency, Stains, les rendrait intenables. L'une d'elles, celle de la Butte-Pinçon, doit recevoir une Batterie permanente. Sa situation dominante la rendrait fort utile dans l'hypothèse d'une attaque régulière contre le fort de Stains. Il est probable que les autres buttes seraient, en cas de siège, retranchées et armées par la défense au moyen d'ouvrages du moment.

Écouen, qu'on hésitait bien à tort, en 1874, à occuper d'une manière solide, est le complément indispensable de la fortification si remarquable de Montmorency. Ce hardi mamelon, couvert de bois, émerge brusquement au-dessus de la plaine, à moins de 4 kilomètres à l'est de Montmorency, et atteint une élévation de 159 mètres au-dessus du niveau de la mer, ce qui lui assure un commandement de 70 mètres sur tout le terrain à plusieurs lieues à la ronde, au nord, à l'est et au sud-est. Montmorency seul domine Écouen. Un fort semblable à celui de Stains couronne le mamelon. On lui a adjoint deux Batteries annexes, celle du Moulin à l'est, et celle des Sablons au sud-ouest. Le parc clos de murs et le château qui s'élèvent sur le flanc de la colline aidant, Écouen pourra recevoir au besoin une garnison assez considérable. Sentinelle avancée du camp retranché du nord, le fort d'Écouen maîtrise la plaine plus loin et plus efficacement encore que Montmorency. Garanti par la déclivité de ses pentes contre une attaque en règle, il donne au fort de Stains, qu'il flanque assez avantageusement, la sécurité qui sans ce puissant secours lui ferait défaut. D'autre part, ses feux, croisés avec ceux de Domont et de Blémur, interdisent complètement à un assiégeant l'entrée de la plaine comprise entre la Seine et Saint-Denis, les rangées des premières hauteurs et le plateau de Montmorency. Dans cette plaine, desservie par des voies ferrées, sillonnée de nombreux chemins, couverte de villages, une armée entière, abritée des vues de l'ennemi, pourrait se réunir, camper et déboucher à son heure, en masses très compactes, dans les immenses champs découverts sur lesquels rayonne, au nord et à l'est, le canon d'Écouen et de Domont.

Sans l'occupation du plateau de Montmorency, toute fortification à Écouen, à Garges ou à Pierrefitte eût été vaine; L'ennemi, maître du plateau, aurait tout dominé, tout pris à revers, et serait revenu sans peine ouvrir la tranchée devant les défenses insuffisantes de Saint-Denis. Sans le fort de Stains, une attaque régulière contre le vieux fort de l'Est, quoique gênée par Montmorency, aurait eu de grandes chances de succès; sans l'occupation d'Écouen, Stains aurait été intenable, et le plateau de Montmorency aurait perdu, faute de débouchés suffisants pour une grande armée; sa principale qualité de magnifique position offensive.

Grâce à l'étude réfléchie du terrain et à l'emploi combiné

des positions naturelles qu'il offrait, nos ingénieurs militaires ont créé, avec des moyens d'une rare simplicité — cinq forts qui n'exigeront pas ensemble cinq mille hommes de garnison fixe — une place d'armes inexpugnable d'où une armée entière peut déboucher à volonté dans les vastes plaines du nord.

Le solide point d'appui qui garantissait si efficacement en 1870-71 la droite du corps allemand de blocus sur le front nord de Paris, se dressera donc désormais, formidable et menaçant, sur les flancs et presque sur les derrières de toute armée ennemie qui tenterait d'aborder Paris par cette plaine qui semble ouvrir aux envahisseurs du Nord un chemin si facile vers les murs de la capitale.

# CHAPITRE V

Description de l'arête entre la plaine nord et la vallée de la Marne. — Position de
Vaujours. — Fort de Vaujours, fort de Chelles, Batteries de Montfermeil et de
Livry. — Propriétés défensives de ces ouvrages. — La trouée du front nord et
ses deux saillants. — Esquisse d'un plan d'attaque allemand du nouveau front
nord de Paris. — Discussion de ce plan. — Parallèle entre les conditions de
blocus de 1870 et les conditions nouvelles sur le secteur entre Marne et
Oise. — Développement de la ligne d'investissement. — Effectifs nécessaires.
— Situation éventuelle d'une armée de sortie. — Avantages acquis à la défense.

Nous avons plusieurs fois indiqué, et même rapidement
décrit plus haut, la ligne de hauteurs qui borde le côté
méridional de la plaine. Le canal de l'Ourcq, le chemin de
fer de Soissons et la vieille route nationale de Metz longent
le pied du versant septentrional de la colline. L'arc qu'elle
décrit est énorme. La vallée de la Marne, courant en ligne
sensiblement droite pendant 15 kilomètres, depuis Lagny
jusqu'aux premiers gradins de l'éperon de Nogent, trace la
corde de cet arc. La courbe dessinée par les hauteurs,
concave à l'égard de la plaine de la Marne, convexe du côté
de la plaine nord de Paris, se développe sur 20 kilomètres
environ depuis les hauteurs de Thorigny, sur la rive droite de
la Marne, au-dessus de Lagny, jusqu'aux escarpements du
Raincy et de Gagny, en face du plateau d'Avron. C'est à
cette extrémité de l'arc de hauteurs surplombant la plaine
nord, que les Prussiens — nous l'avons dit plus haut —
arcboutaient leur ligne de blocus, et c'est du haut des

crêtes terminales qu'ils bombardèrent, sans résultat sérieux d'ailleurs, les défenses du plateau de Romainville. Sur les deux tiers environ de l'arc de hauteurs, entre Lagny et Livry, en passant par Carnetin, Villevaudé, le bois d'Éguisy et le haut de Vaujours, l'arête est mince, étroite, en dos d'âne. Elle s'interpose comme un mur entre la grande plaine du nord et la plaine qui descend vers la Marne.

De certains points de l'arête, il suffit de se placer face au nord pour porter ses regards au loin, par delà Écouen, vers Luzarches d'une part, par delà Dammartin de l'autre, à des distances de plus de 30 kilomètres de Paris, tandis qu'en se tournant au sud, on voit immédiatement sous ses pieds le riant vallon de la Marne, et l'œil se repose plus loin sur les coteaux de la Brie, qui bordent la rive gauche de la rivière. Le commandement sur la grande plaine et sur la vallée au sud est de plus de 60 mètres. A l'extrémité ouest de l'arc décrit par la ligne de faîte de la colline, l'arête épaissie s'étale en large terrasse. Aussi, tandis que les pentes nord-ouest que recouvrent les restes de la légendaire forêt de Bondy, dominent encore de très près le canal de l'Ourcq, les escarpements du sud-ouest se rapprochent au contraire de la Marne et en commandent les deux rives, à 2 kilomètres à peine de distance.

On pourrait tracer la flèche médiane de cet arc de hauteurs en partant de Noisiel-sur-Marne, pour atteindre l'arête au point qui domine directement le village de Courtry. Cette flèche aurait près de 8 kilomètres de long. C'est au point précis de l'arête où elle aboutirait, que s'élève, un peu à l'est du bois d'Éguisy, le grand fort de l'Est. On a continué de le nommer fort de Vaujours, quoiqu'il soit plus éloigné de ce village que de celui de Villeparisis ou de celui de Courtry. Le peu de largeur de l'arête sur laquelle il se dresse lui donne cet avantage remarquable de commander à la fois

les deux plaines entre lesquelles s'interpose l'arc de collines
ci-dessus décrit. Du côté du nord, les obus du canon de
Vaujours se croiseraient par-dessus l'orme de Morlu, le point
supérieur de renflement de la plaine, avec les obus d'Écouen,
tandis qu'au sud, ils fouilleraient les rives de la Marne depuis
Noisiel jusqu'à Lagny. De l'orme de Morlu aux bords de la
Marne, il y a bien 18 kilomètres à vol d'oiseau. Mais la portée
des pièces actuelles rend toute naturelle cette prodigieuse
étendue du rayon d'action du fort bâti sur un point culminant
tel que l'arête à l'est de Vaujours. Le fort principal sera
flanqué, à très petite distance, de Batteries annexes plus
particulièrement destinées à battre la plaine nord et la vallée
de la Marne.

A moins de 5 kilomètres au sud du fort, s'élève, sur les
bords de la Marne, un des plus remarquables et des plus
pittoresques accidents de terrain de cette vallée charmante.
Nous voulons parler du piton de Chelles, élévation isolée qui
se dresse brusquement au-dessus de la petite ville de ce nom
surplombant de tous côtés la plaine et commandant le cours
de la Marne depuis Neuilly en aval jusqu'à Pomponne et
Lagny en amont. Sa hauteur absolue est de 107 mètres, ce
qui donne plus de 70 mètres au-dessus de la Marne. Le
passage qui reliait en 1870-71 les Saxons aux Wurtembergeois
et par ceux-ci l'armée prussienne d'investissement du nord
à celle du front sud, le pont de Gournay, est à moins
de 2 kilomètres sous le commandement du piton de Chelles.
Les Prussiens y avaient construit une batterie qui protégeait
leurs moyens de passage de la Marne. Armée au mois de
décembre de grosses pièces, elle put même prendre sa part
au combat d'artillerie contre Nogent, en dépit d'une distance
de près de 8 kilomètres. Un fort français surmonte maintenant
l'emplacement de la batterie prussienne de 1871, et ses
cavaliers fièrement dressés sur la cime isolée, à l'instar des

donjons du moyen âge, tiendront sous le feu de leurs canons tous les ponts de la Marne jusqu'au delà de Lagny, c'est-à-dire à plus de 30 kilomètres du confluent de la rivière et de la Seine. Encore comptons-nous la distance abstraction faite de la grande boucle de la. Marne, qui enserre la presqu'île Saint-Maur.

Le fort de Chelles, couronnant un sommet escarpé à pentes roides, n'a rien à craindre d'une attaque rapprochée. Comme la cime sur laquelle il s'élève n'est dominée d'aucun côté à portée efficace, il défie de même le combat à distance contre la grosse artillerie. Le seul point assez rapproché pour combattre Chelles, l'éperon de Montfermeil, est en deçà du fort de Vaujours et doit recevoir une Batterie permanente qui fournira un puissant appui au fort principal. Les feux de Chelles combinés avec ceux de la Batterie de Montfermeil, du grand fort de Vaujours et de son annexe, interdisent donc à l'ennemi toute approche entre la rive droite de la Marne, le long du chemin de fer de Strasbourg, et l'arc de collines qui sépare la vallée de la plaine nord. Quant à une tentative pour passer entre Chelles et Vaujours, le tir des deux forts se croisant à excellente portée (la distance entre eux est de moins de 5 kilomètres), tir renforcé par celui de la Batterie de l'éperon de Montfermeil et celui de batteries du moment érigées sur les crêtes orientales du plateau au-dessus de Coubron, feraient d'une telle opération la plus téméraire des aventures. Il convient d'ailleurs d'observer que l'occupation du massif défendu par Chelles et Vaujours n'aura jamais qu'un intérêt secondaire pour l'attaque de Paris. Tout progrès de ce côté conduit en effet l'assiégeant contre la portion la plus forte et la mieux défendue de l'ancienne fortification. La nature et l'art ont fait du plateau de Romainville, qu'il faut nécessairement enlever lorsqu'on est parvenu à couronner celui du Raincy, une position à peu près inexpugnable. —

L'expérience faite en 1870-71 ne laisse aucun doute à cet égard. Aussi estimons-nous qu'un récent critique allemand parlant de nos nouvelles fortifications parisiennes, est tout à fait dans le vrai quand il émet l'avis que l'assiégeant, même après la prise de Vaujours et de Chelles, ne serait qu'au début des difficultés, soit au point de vue de l'attaque en règle de la place, soit au point de vue du bombardement de la ville.

Reconnaissons cependant que si les forts de Vaujours et de Chelles couvrent bien les approches de Paris contre un ennemi débouchant de Lagny dans la plaine de la rive droite de la Marne, l'efficacité de Vaujours et du fortin annexe, au point de vue de la défense du revers des hauteurs sur la plaine nord, n'est pas tout à fait aussi décisive. Il y a un peu plus de 10 kilomètres entre Vaujours et le fort de Noisy, qui couronne l'éperon nord-est du plateau de Romainville. Les deux forts ne se voient pas. Les vues de Vaujours, très étendues au nord et au sud, le sont moins vers l'est et vers l'ouest, en raison de la direction de la ligne de faîte des hauteurs. De fortes redoutes placées à l'éperon du Raincy et à celui de Livry semblent indispensables pour assurer à la défense de Paris la possession tranquille des crêtes qui flanquent le sud-est de la plaine. Une Batterie permanente doit armer la position de Livry; mais de simples ouvrages de campagne suffiraient à la rigueur, eu égard à la force naturelle de la ligne des crêtes. Toutefois, il faut constater, d'autre part, que la possession du système de hauteurs que nous venons d'étudier, extrêmement précieux pour la défensive, est loin d'avoir au point de vue offensif les propriétés décisives du système de Montmorency. Une armée d'investissement ne manquerait pas d'occuper la branche orientale de l'arc des crêtes, depuis les bords de la Marne à Lagny jusqu'à Villevaudé et la lisière sud du bois de Claye. L'arête, sur ce dernier point, est à une altitude un peu supérieure à celle du fort de Vaujours. Une armée parisienne qui tenterait de déboucher vers l'est, le long de la rive droite de la Marne, se heurterait donc au-dessus de Pomponne contre des positions dominantes extrêmement fortes. Par contre, Vaujours fournirait un excellent point d'appui à l'aile droite d'une armée débouchant par la plaine nord.

Il est vrai — et c'est un des traits caractéristiques du nouveau système de défense — que si les hauteurs flanquant la plaine nord sont fortement occupées, la plaine elle-même est ouverte jusqu'à la ligne des anciens forts. Du mamelon où se dresse le fort d'Écouen à la crête que surmonte celui de Vaujours, il y a, nous l'avons dit, 18 kilomètres. De l'orme de Morlu, point central de la plaine à mi-chemin des deux forts jusqu'à Drancy, c'est-à-dire jusqu'à l'ancienne ligne de défense de 1870, on peut se rapprocher de Paris pendant plus de 11 kilomètres, sans rencontrer le moindre obstacle immédiat. La trouée est énorme. Certain critique étranger en a été si surpris, qu'il persiste à indiquer sur sa carte un fort intermédiaire qui n'a jamais été projeté et qui, à plus forte raison, n'a pas été construit. Le fait est que cette trouée a été voulue et, selon nous, très rationnellement voulue.

Un corps d'armée qui reviendrait occuper les positions de la garde royale prussienne en 1870-71 de Stains-Dugny à la forêt de Bondy, avec un gros avant-poste au Bourget, ne rencontrerait certainement pas plus d'obstacles sur son front direct qu'à l'époque du grand siège; mais ses flancs seraient si fortement commandés, ses derrières si complètement à la merci de troupes de sortie débouchant à l'improviste du massif fortifié de Montmorency-Garges-Écouen d'un côté, descendant de la crête de Vaujours de l'autre, que la situation de ce corps serait aventurée au delà de toute expression. L'impasse au fond de laquelle il se serait ainsi risqué pourrait à tout moment se refermer brusquement derrière lui.

La réalité, c'est que le front septentrional de l'enceinte de Paris et la ligne des vieux forts, depuis Saint-Denis jusqu'à Pantin et Noisy-le-Sec, forment aujourd'hui la courtine d'une immense fortification dont les forts, couronnant les hauteurs à droite et à gauche, sont les bastions de flanquement. La plaine, sur tout le terrain occupé en 1870-71 par l'armée ennemie, n'est plus que le glacis soumis à l'action combinée de cette courtine et de ces bastions gigantesques. On trouvera peut-être que cette extension des règles classiques qui présidaient à la fortification est prodigieusement démesurée. Démesurée si l'on veut, mais démesurée au même titre que la portée des canons actuels de campagne tirant juste à 6 kilomètres; que celle des canons de position portant l'obus à 10, 12 et même 15 kilomètres; que le tir du fusil d'infanterie précis à 1,000 mètres, meurtrier encore à 2,000; que les effectifs des armées actuelles aussi aisément portés maintenant, en France et en Allemagne, à un million d'hommes que naguère à trois cent mille!

On aurait pu, sans contredit, fermer la trouée entre Écouen et Vaujours par un fort à l'est de Gonesse, soit au point marqué par l'orme de Morlu, soit plus près de Paris, entre Le Blanc-Mesnil et Aulnay-les-Bondy. Quel aurait été le résultat? Un gaspillage oiseux d'argent, de matériel et de troupes. Le rentrant décrit ne tentera vraisemblablement jamais un ennemi sensé; mais il serait vraiment fâcheux de détourner, par la création d'un obstacle artificiel, un ennemi extravagant de la tentation de s'y aventurer.

L'auteur allemand du travail traduit et publié naguère par le *Journal des Sciences militaires* affecte cependant de ne pas partager cette manière de voir. Il n'épargne pas les critiques à cette fortification. Il estime que « la lucidité d'esprit des jugements militaires » a été troublée d'une manière générale chez les auteurs du nouveau plan de défense de Paris par la « tendance de vouloir assurer la sécurité absolue de la ville au moyen de la population elle-même ». Il est vrai que ce jugement sévère est précédé par l'auteur d'un avertissement à ses compatriotes, leur rappelant qu'on a vu jadis des armées arrêtées des années entières devant une place, et que « Paris pourrait reproduire ce cas », réflexion de nature à prouver surabondamment que le critique prussien ne se méprend pas autant qu'on le pourrait supposer sur la valeur des nouvelles fortifications.

Il pense seulement qu'à la condition de déployer, toutes choses égales d'ailleurs, beaucoup plus de forces, de vigueur, d'habileté et de moyens matériels qu'en 1870-71, il ne serait peut-être pas impossible de se rapprocher de Paris suffisamment pour bombarder le centre de la ville. Et, après avoir tourné tout autour de l'enceinte et constaté des impossibilités assez nombreuses, notre auteur conclut que seule la plaine nord donne encore ouverture vers le point vulnérable. Il faut profiter de la trouée, dit-il, pour se porter au pied des anciens forts de l'Est et d'Aubervilliers. « Ce secteur présente un » champ favorable aussi bien pour une action *rapide* que pour » une action *énergique* contre la ville ; » c'est par là qu'on peut atteindre les quartiers à population « pauvre et turbulente » de la Chapelle, de la Villette, de Pantin et de Belleville, puis pousser des batteries de bombardement « *spécialement* contre le carré ouvrier de Montmartre ». Voilà le plan, fort correct d'ailleurs, en dépit de l'idée médiocrement objective que se fait l'auteur allemand des conséquences psychologiques que pourrait produire un bombardement dirigé *spécialement* sur les faubourgs ouvriers « à population pauvre et turbulente ». L'expérience aurait dû apprendre au savant collaborateur des *Jahrbücher für die Deutsche Armee und Marine,* que la turbulence des faubourgs parisiens a pu se manifester *contre,* mais jamais *pour* une idée de capitulation. Mais peu importe l'erreur qu'il peut commettre à ce point de vue; le plus intéressant est de savoir quelles conditions préalables il estime indispensables de remplir avant de commencer ce bombardement des « carrés ouvriers ». Or, l'auteur ne réclame pas moins que la prise antérieure des forts d'Aubervilliers, de l'Est et de Saint-Denis, et la réduction au silence des forts de Romainville et de Noisy, à savoir l'accomplissement d'une tâche que l'armée prussienne, maîtresse des hauteurs dominantes au nord et à l'est, n'avait pas même ébauchée le 26 janvier 1871, après quatre mois et demi de blocus!

· Ce n'est pas tout : notre auteur ne mériterait pas qu'on tînt le moindre compte de son opinion, s'il avait fait abstraction des éléments nouveaux introduits dans le problème par l'occupation du massif de Montmorency-Stains-Écouen. Il se résigne avec peine à en reconnaître la valeur; il y met une mauvaise humeur marquée, ce qui ne l'empêche pas toutefois de convenir qu'avant de prendre Aubervilliers, le fort de l'Est et Saint-Denis, il serait indispensable de commencer par s'emparer du fort de Stains. Ce fort malencontreux prendrait en effet l'assiégeant à revers et à dos d'une façon de plus en plus gênante à mesure que celui-ci pousserait ses approches plus près de Saint-Denis. Stains pris, tout ne serait pas dit. Notre auteur convient encore qu'il faudrait prendre aussi Montmorency, ou tout au moins le réduire au silence. En résumé, conclut notre auteur, « tout bien considéré, il y a » donc en tout cinq ou six forts *à prendre* et trois ou quatre » forts, y compris ceux de Romainville et de Noisy, à réduire » complètement *avant* de pouvoir commencer un bombardement » suffisamment efficace. » Une critique se terminant par cet aveu n'est-elle pas plutôt un témoignage précieux en faveur du système adopté par les ingénieurs des nouvelles fortifications? Si c'est là le point faible de Paris, quelle doit être la force des autres?

A notre tour de résumer cette étude des moyens nouveaux de défense du secteur nord de Paris et d'en tirer les conclusions qu'elle comporte.

Un premier point nous semble acquis : c'est que l'attaque régulière contre la ligne des anciens forts de Saint-Denis, de l'Est et d'Aubervilliers, et subsidiairement contre l'enceinte de la ville, serait absolument impraticable avant l'occupation par l'ennemi des saillants nord et nord-est que couronnent aujourd'hui les forts de Montmorency, de Stains, d'Écouen et la forteresse de Vaujours. Nous estimons que le premier saillant, avec Écouen et la forteresse complexe de Montmorency, peut être considéré comme inexpugnable. Personne ne conteste que les capacités de résistance des nouveaux forts ne soient infiniment supérieures à celles des vieux forts de 1840. Or parmi ces derniers, le Mont-Valérien, en raison de sa situation dominante sur la crête d'une colline isolée, était considéré déjà comme inattaquable. A plus forte raison doit-on tenir pour imprenables aujourd'hui les nouveaux forts du plateau de Montmorency et celui d'Écouen, qui, à l'avantage d'une position naturelle analogue à celle du Mont-Valérien, ajoutent celui d'abris à l'épreuve de la plus puissante artillerie. La forteresse de Vaujours, un peu moins favorisée comme situation — car on peut en approcher de plain-pied en suivant l'arête des collines — n'offrirait pas moins à l'attaque des difficultés incomparablement supérieures à celles des vieux forts situés en plaine ou même dominés à courte portée, et qui néanmoins tenaient bon encore le 26 janvier 1871, quatre mois et demi après l'ouverture du siège de Paris. La chute de Vaujours n'aurait d'ailleurs pour effet — comme on l'a déjà fait observer — que de ramener l'assiégeant au pied du plateau de Romainville, lequel, après l'épreuve de 1870-71, peut être considéré comme tout à fait inabordable.

L'attaque en règle sur ce front, même en face d'un assiégé

réduit à la défense passive, serait donc condamnée à des lenteurs indéfinies.

Mais la considération d'une attaque méthodique dirigée contre Paris, d'un vrai siège régulier, ayant pour objet la brèche et l'assaut de la place, n'est pas à beaucoup près la plus intéressante à envisager. La vraie question, la plus essentielle et la seule pratique, c'est celle des conditions nouvelles qui seraient faites à la défense en présence d'une armée ennemie se bornant, comme l'armée prussienne dans les premiers mois du siège de 1870-71, au blocus de la capitale, c'est-à-dire employant le moyen le plus sûr et vraisemblablement le seul encore efficace de réduire Paris : la famine.

C'est à ce point de vue que nous allons nous placer.

Mesurée d'Epinai-les-Saint-Denis à Gournay-sur-Marne, la ligne allemande de circonvallation s'étendait sur près de 24 kilomètres. Nous avons vu que les deux ailes de ce front étaient couvertes par des hauteurs constituant des positions admirables au profit de l'assiégeant. Le centre seul de la ligne, sur 9 kilomètres, entre le canal de l'Ourcq et les pentes de Stains, offrait un terrain favorable à l'attaque partie de Paris. Encore, l'inondation du lit marécageux de la Morée depuis Aulnay-les-Bondy jusqu'à Dugny, opposait-elle un obstacle très appréciable aux efforts de l'assaillant.

Sur ce front de 24 kilomètres occupé par trois corps d'armée (quatre-vingt-dix mille hommes avec 300 pièces de canon), la droite et la gauche étaient inattaquables. Le centre pouvait, nous l'avons dit plus haut, recevoir en temps utile des renforts des deux ailes. D'ailleurs, tous les progrès de l'armée de sortie vers Dugny, le Pont-Iblon, Le Blanc-Mesnil et Aulnay auraient promptement exposé ses flancs à de dangereuses attaques des renforts débouchant de Stains d'une part, du Raincy de l'autre, le plus long chemin à parcourir des ailes extrêmes jusqu'au centre attaqué ne dépassant pas 10 kilomètres.

Aujourd'hui, le cercle d'investissement du même front serait non plus de 24, mais bien de 57 kilomètres. Nous comptons conformément aux distances observées en 1870 entre les forts et la ligne d'investissement, règle d'autant moins susceptible de nous induire à des exagérations de circuit, que la portée plus considérable du canon a étendu davantage la zone dangereuse en avant des forts. Cette ligne partirait désormais de Lagny sur la Marne, irait par Claye, Mitry, Roissy, Le Mesnil-Aubry, Atainville, Baillet, Bethémont, Bessancourt, Pierrelaye, pour aboutir à Conflans Sainte-Honorine, près du confluent de la Seine et de l'Oise. Son développement serait — au minimum — d'environ 57 kilomètres. Dans l'hypothèse invraisemblable où l'ennemi voudrait pénétrer dans les rentrants de manière à tenir toujours sa ligne essentielle d'investissement à la distance moyenne de 4 kilomètres des forts, le circuit atteindrait un développement d'au moins 70 kilomètres. La vérification de ces chiffres est aisée.

Il résulte de ces considérations mathématiques, que pour être garnie dans des conditions semblables à celles de 1870-71 la ligne d'investissement du secteur nord de Paris exigerait six corps d'armée et demi au lieu de trois. C'est, on doit en convenir, un résultat de très sérieuse importance. Mais, ce qui différencie d'une manière bien autrement décisive la situation, c'est que ces six corps d'armée et demi seraient, même contre un ennemi inférieur en nombre, dans une situation infiniment plus difficile que les trois corps de blocus de 1870-71 s'ils avaient eu affaire à une armée de sortie prépondérante.

En 1870, avec un développement de 24 kilomètres, le centre prussien n'était qu'à une distance maxima de 12 kilomètres de ses deux ailes. De là, pour la garde royale prussienne qui aurait eu, en raison de sa position en plaine, à repousser la principale attaque, la possibilité de recevoir en temps utile le secours de la totalité des XII<sup>e</sup> et IV<sup>e</sup> corps. Or, en supposant l'attaque des Français développée sur un front de 12 kilomètres, de Stains au Raincy, si ce n'est pas trop de quatre-vingt-dix mille hommes et de 300 canons pour tenir ferme sur une ligne aussi développée (le front normal d'un corps d'armée de trente mille hommes et 100 canons est de 4 kilomètres), c'est une force suffisante quand les ailes sont bien appuyées et qu'on se bat derrière des ouvrages de campagne. Or, telles étaient les conditions du champ de bataille occupé par la garde prussienne et les deux corps qui la flanquaient. Pour les rompre sur ce terrain, ce n'aurait certainement pas été trop de cinq corps d'armée, c'est-à-dire de cent cinquante mille hommes avec 500 pièces de canon. Encore aurait-il fallu des soldats de la trempe de ceux qui luttèrent à Reichsoffen et à Saint-Privat!

Avec le développement forcé de la ligne d'investissement la plus étroite possible, ce ne serait plus 12, mais bien 28 kilomètres qu'il y aurait à franchir, du centre du corps de blocus à l'aile la plus éloignée. Si l'on considère qu'une armée moderne, avec ses *impedimenta,* fait rarement plus de 25 kilomètres dans une journée (la moyenne des marches de l'armée prussienne en 1870-71 a été de 20 kilomètres), on se convaincra que, dans l'hypothèse d'une attaque inopinée, le centre de l'armée de siège au nord de Paris ne pourrait recevoir le secours de ses ailes qu'après la bataille finie. En mettant les choses au mieux pour cette armée, c'est le tout si elle pourrait concentrer sur le secteur attaqué un peu plus de la moitié des forces bordant les 57 kilomètres de l'arc de circonvallation. Cent à cent dix mille hommes auraient donc dans les conditions envisagées, à soutenir, sur un front de 15 à 20 kilomètres, l'attaque de cent cinquante mille combattants. L'éloignement annulerait les troupes placées aux ailes extrêmes du front. A plus forte raison encore, les corps d'armée d'investissement en position au delà de la Seine, de l'Oise ou de la Marne, seraient-ils dans l'impossibilité absolue d'intervenir.

Ajoutons — et cette considération est de haute valeur — que l'avantage du terrain aurait passé du côté de l'armée débouchant du camp retranché parisien. En effet, sur tout cet arc immense que nous avons décrit se déroulant des environs de Lagny sur la Marne et de Claye sur le canal de l'Ourcq jusqu'au confluent de l'Oise et de la Seine, c'est partout la plaine rase, le champ de labour horizontal. Nul tracé naturel de ligne de défense, ni ruisseaux, ni collines. Le centre des troupes d'investissement serait à la fois sans obstacles sur son front, sans appuis pour ses flancs. Que l'armée parisienne de sortie prît sa direction par les routes de Soissons et de Meaux, laissant le fort de Stains à sa gauche, ou qu'elle s'élançât par les chemins de Beauvais et d'Amiens, descendant des hauteurs de Montmorency, débouchant à droite et à gauche d'Écouen, c'est de plain-pied qu'elle aborderait l'ennemi sur un sol uni, comparable à un champ de manœuvres démesuré. Pas d'accidents de terrain, escarpements ou dépressions, contre lesquels se brise parfois l'élan des meilleures troupes; rien de semblable à ce fouillis de bois, de parcs, de jardins clos, de châteaux, de maisons éparses, de chemins emmurés qui caractérise sur d'autres fronts la banlieue immédiate de Paris. L'armée de sortie n'aurait de ce côté ni ravins, ni rivières, ni ponts, ni défilés à franchir sous le feu de l'ennemi. Là, les têtes de colonne ne risqueraient plus, comme sur les champs de bataille de 1870-71, de fondre sous le feu de l'ennemi avant que le gros des troupes ait pu se déployer. Une armée de cent cinquante mille combattants, massée hors des vues de l'ennemi, soit le long de l'ancienne ligne de la Morée, soit à l'abri entre les forts d'Écouen, de Stains et de Montmorency, pourrait désormais entrer brusquement en ligne, toute déployée, prête à l'action, choisissant son objectif et présentant dès le début un formidable front de bataille de 12 et 15 kilomètres. Dans ces conditions, les chances de succès seraient sans contredit très grandes en faveur de l'armée de sortie. La question se poserait, en effet, dans l'hypothèse que nous avons envisagée, entre des troupes de valeur analogue, luttant à armes égales quant au terrain, avec cette seule différence que l'armée placée dans le camp retranché aurait eu le loisir de concentrer cent cinquante mille combattants sur tel secteur du cercle d'investissement où l'armée de blocus aurait eu grand'peine à réunir de cent à cent dix mille hommes.

Que serait-ce donc si, en présence des nouvelles défenses du front nord de Paris, l'ennemi déployait, non pas six corps d'armée et demi, comme nous l'avons supposé, mais simplement une force égale à celle qui forma l'armée de blocus de ce front en 1870-71? Trois corps d'armée échelonnés sur 57 kilomètres de développement, de la Marne au confluent de l'Oise et de la Seine, ne formeraient plus qu'un mince cordon sans consistance, à la merci de toute brusque attaque menée avec quelque vigueur. Il n'est certainement pas téméraire de penser que, dans l'éventualité d'un blocus entrepris avec une force aussi insuffisante eu égard au développement de la ligne à garnir, l'assiégé n'aurait pas même besoin d'une armée de vieilles troupes pour rompre et forcer la circonvallation. La jeune armée qui combattit à Champigny le 30 novembre 1870, y aurait suffi, si les conditions de lutte avaient été telles que nous les envisageons. Cette armée échoua contre les formidables positions retranchées des Saxons et des Wurtembergeois; mais l'issue de la bataille aurait sans doute été bien différente si le combat s'était livré sur un terrain analogue aux plaines découvertes où passerait désormais la ligne d'investissement de Paris, sur les plateaux entre Marne et Oise.

En résumé, le front nord de Paris, avec ses nouvelles fortifications, oppose d'insurmontables obstacles à toute brusque attaque tentée de vive force; sa capacité de résistance dans l'éventualité d'un siège en règle, est pour ainsi dire sans limites; enfin, le développement de la ligne de défense nécessite, en cas de siège ou de simple blocus, des forces plus que doubles de celles que les Allemands employèrent en 1870-71 sur cet arc du cercle d'investissement. Ajoutons en outre que toutes les chances rationnelles de succès deviennent incomparablement plus favorables aux opérations offensives d'une armée de sortie.

Tel est, sous la seule réserve que Paris soit défendu par des gens de cœur, le résultat incontestable de l'analyse à laquelle nous venons de nous livrer. Cette première conclusion de l'étude des nouveaux travaux de défense mérite, ce nous semble, d'être prise en sérieuse considération.

# CHAPITRE VI

Description du front de la Basse-Seine. — Les boucles de la Seine. — Presqu'île de
Gennevilliers et d'Argenteuil. — La forteresse du Mont-Valérien. — Arête de
Sannois-Cormeilles. — Nouveau fort de Cormeilles et ses annexes. — Le plan de
sortie du général Trochu par la Basse-Seine. — Discussion. — La forêt de
Saint-Germain et le confluent de l'Oise et de la Seine. — Les hauteurs de l'Hautie;
leur importance. — Projet d'extension de la ligne des forts. — Appréciation des
qualités défensives et offensives du front ouest dans son état actuel.

De tous les grands secteurs de la défense de Paris, aucun
ne se prête à l'observation directe au même degré et avec
autant de facilité que celui de la Basse-Seine. Le spectateur
qui gravit l'un des minarets terminaux du nouveau palais du
Trocadéro, l'embrasse d'un coup d'œil, le tient sous la portée
de sa vue, en discerne toutes les lignes, presque les détails,
pour peu que le temps soit clair et l'horizon dégagé de
brumes. C'est une admirable plaine, orientée au sud-ouest et
sillonnée par les amples et majestueuses courbes de la Seine,
nettement limitée, carrée d'apparence, encadrée, à la droite de
l'observateur, par la colline élancée d'Argenteuil-Cormeilles,
à sa gauche par la splendide ligne de coteaux qui courent de
Saint-Cloud à Louveciennes et Marly, bornée en face, au
loin, par la superbe terrasse qui porte la forêt de Saint
Germain.

C'est la Seine elle-même qui défend le front occidental de
Paris. Les énormes replis que nous avons rapidement décrits
plus haut, barrent d'un triple fossé tout ce bassin inférieur de

la plaine parisienne. La vieille route nationale de Paris à Rouen franchit, avant d'en sortir, trois fois le fleuve : à Courbevoie, à Bezons, à Maisons-Lafitte. Des remparts de la capitale à la quatrième courbe, celle de Conflans-Poissy, au delà de la forêt de Saint-Germain, il y a 24 kilomètres. Les méandres du fleuve enceignent trois presqu'îles successives alternativement ouvertes au sud et au nord. L'amplitude moyenne de chaque repli de la Seine, d'un sommet de courbe à l'autre, n'est pas inférieure à 15 kilomètres. Nous avons déjà dit que la Seine, forcée de couler au nord, moins de 2 kilomètres après sa sortie de la ville, par la rencontre de l'hémicycle des hauteurs de Meudon-Sèvres-Saint-Cloud, court ensuite, durant 17 kilomètres environ, dans une direction parallèle à celle des remparts de Paris. La distance de l'enceinte bastionnée au fleuve est d'environ 2 kilomètres. La petite ville de Boulogne, le célèbre bois du même nom, les grosses communes de Neuilly, Levallois-Perret, Clichy et Saint-Ouen, jalonnent cet espace. De l'autre côté du fleuve, en partant de Paris, entre le premier et le second repli de la Seine, s'étend la presqu'île de Gennevilliers longue de 14 kilomètres, comptés de la boucle du fleuve près de Saint-Denis au pied des hauteurs de Bougival, large de 4 à 5, selon qu'on mesure entre Argenteuil et Asnières, ou bien entre Suresnes et Chatou. Un ennemi qui aurait réussi à s'installer solidement dans la presqu'île, se trouverait, malgré les difficultés inhérentes au passage d'un fleuve, en mesure de dresser bientôt contre Paris ou des batteries de brèche, ou tout au moins des batteries de bombardement. La berge occidentale de la Seine, de Suresnes à Courbevoie et Asnières, commande la berge parisienne, ce qui faciliterait le passage. L'assiégeant, après avoir pris pied vers Boulogne, Neuilly ou Clichy, aurait sans doute à redouter les sorties de la place, qui, reçues un fleuve à dos, pourraient, en cas de succès de l'assiégé, devenir désastreuses. Mais ce danger pourrait être singulièrement atténué par la construction de solides têtes de pont et l'adoption d'une méthode prudente de cheminements progressifs. C'est par ce front que l'armée de Versailles aborda Paris sous la Commune, et poussa ses travaux d'approche à travers le bois de Boulogne jusqu'au pied même des remparts. Les Prussiens, cependant, n'avaient fait aucune tentative de ce côté. L'explication de cette différence de tactique est toute naturelle : c'est qu'en mai 1871 le Mont-Valérien était aux mains de l'assaillant, tandis qu'il appartenait à la défense durant le grand siège. Sans le Mont-Valérien, en effet, l'obstacle présenté par la Seine n'aurait qu'une valeur très secondaire; avec le Mont-Valérien, il est infranchissable.

La forteresse du Mont-Valérien, le plus remarquable et le plus important des ouvrages détachés de la fortification de 1840, couronne, à 4 kilomètres environ des remparts de Paris, un magnifique mamelon isolé dominant et commandant l'origine de la presqu'île de Gennevilliers. La cime de la colline est à 162 mètres au-dessus de la mer, c'est-à-dire à plus de 130 mètres au-dessus du niveau du fleuve. L'imposant mamelon s'abaisse, à l'est, en pentes abruptes sur la rive gauche du fleuve, que bordent, en face du bois de Boulogne, les villages de Suresnes et de Puteaux; la pente descend également rapide au nord vers Courbevoie et la plaine de Gennevilliers; à l'ouest de la forteresse, un plateau inférieur à la crête s'élargit sur près de 1 kilomètre, puis tombe assez brusquement sur les rives plates de la Seine à sa seconde courbe. Nanterre et Rueil marquent le pied du plateau. Au sud, enfin, une dépression profonde de plus de 60 mètres sépare, sur une largeur d'environ une lieue, la pyramide du Mont-Valérien de la crête de hautes collines qui court de Saint-Cloud à Bougival, barrant l'entrée de la plaine comprise dans le repli du fleuve. Vers toutes les directions, sauf au sud, le Mont-Valérien commande un horizon immense. De son sommet, l'œil plane sur tout le bassin parisien. Au sud, ses vues sont bornées par l'amphithéâtre des hauteurs qui forment la ceinture méridionale du bassin; le fort est même légèrement dominé par les crêtes en arrière, mais à trop grande distance pour redouter le tir des batteries ennemies qui occuperaient ces crêtes.

Le Mont-Valérien est la clé de la presqu'île de Gennevilliers. Tant qu'il est aux mains de la défense — et son admirable situation lui permet de braver tout genre d'attaque, — il rend la presqu'île intenable à l'assaillant. Tout pont jeté sur la Seine, depuis Sèvres jusqu'à Asnières, serait sous le canon de la forteresse; ce même canon prendrait à revers et à dos toute batterie de bombardement ou de brèche élevée entre le fleuve et les bastions de l'enceinte. A son second repli, de Bezons à Chatou, le cours de la Seine est commandé presque aussi complètement. Seule l'extrémité nord de la presqu'île se trouve, en raison de la distance (de 8 à 11 kilomètres), moins efficacement battue par la forteresse; mais cette extrémité étant, d'autre part, sous le feu des ouvrages de Saint-Denis et des Batteries de Saint-Ouen, l'assaillant ne saurait s'y établir avec quelque solidité.

Aussi les Allemands, en 1870-71, ne firent-ils aucune tentative contre le front ouest de Paris. L'inutilité d'une attaque contre le Mont-Valérien leur semblait si démontrée d'avance, qu'ils n'essayèrent même pas de le bombarder; encore moins tentèrent-ils le passage de la Seine pour s'établir entre le fleuve et le rempart. Ils ne cherchèrent seulement pas à se loger d'une façon permanente dans la presqu'île de Gennevilliers. Leurs avant-postes y avaient fait apparition dans les premiers jours de l'investissement, mais ils en furent expulsés sans peine, et dès le mois d'octobre jusqu'au dernier jour du siège, ils se bornèrent à border la rive droite du fleuve, sur la berge qui fait face à Gennevilliers, Colombes, Nanterre et Rueil.

A la presqu'île de Gennevilliers succède celle d'Argenteuil, qui lui fait pendant avec une symétrie parfaite. La Seine l'enserre de même sur trois côtés. Les dimensions de l'une et de l'autre sont à peu près semblables; leur surface est également plate; seulement, la seconde s'ouvre au nord, tandis que la première s'ouvre au sud. La haute croupe boisée de Cormeilles-Sannois ferme militairement l'ouverture de la presqu'île d'Argenteuil, de même que les hauteurs de Saint-Cloud-Bougival ferment celle de la presqu'île de Gennevilliers. Elle possède enfin son Mont-Valérien dans la nouvelle forteresse de Cormeilles. Nous avons dit quel rôle important le fort de Cormeilles et ses annexes jouaient dans le système des défenses du front nord-ouest, de concert avec Montmorency et Montlignon. La superbe position de la haute croupe qui surgit à l'origine de la presqu'île d'Argenteuil, donne à ces ouvrages une efficacité plus complète encore pour la défense du front directement tourné vers la Basse-Seine.

Cette arête, dont les premiers renflements se soulèvent presque aux bords immédiats de la Seine, entre Argenteuil et Épinay (butte d'Orgemont), s'allonge, étroite, abrupte, sur plus de 5 kilomètres, s'élevant toujours jusqu'à la rencontre de la nouvelle courbe de la Seine, à l'extrémité nord de la forêt de Saint-Germain. Là, elle atteint son point culminant, s'épanouit en cône tronqué, et tombe à pentes raides sur la plaine. Une butte isolée, pendant exact de celle d'Orgemont à l'origine, marque, un peu plus loin, près du village d'Herblay, la fin de cette chaîne en miniature. La route du Havre passe entre la butte et le cône terminal, à quelques pas du village de Montigny-les-Cormeilles. C'est sur la plateforme du tronc de cône, à une altitude supérieure à celle du Mont-Valérien, que se dresse le fort de Cormeilles. De tous les points de vue

splendides dont on jouit du haut des remparts des nouveaux
forts gardiens de Paris, aucun n'est supérieur à celui de
Cormeilles. Ceux de Montmorency au nord, de Villeneuve
Saint-Georges au sud, l'égalent à peine. C'est la plaine et le
cours tout entier de la Seine, entre Saint-Germain et Paris, qui
se déroulent sous les yeux du spectateur; c'est la forêt et le
château de Saint-Germain; ce sont les verts sommets et les
profonds ravins du coteau de Marly; c'est surtout Paris
surgissant à l'horizon avec son porche grandiose, l'Arc de
Triomphe, au premier plan. Aux pieds mêmes du spectateur,
s'il se tourne vers l'ouest, c'est la courbe élégante de la Seine
coulant à la rencontre de l'Oise, la plaine au confluent des
deux cours d'eau, la vallée de l'Oise depuis Méry jusqu'à
Conflans, les hautes collines qui bordent sa rive droite en
aval de Pontoise, et au delà les plateaux ondulés sur lesquels
courent vers l'ouest les chemins de la Normandie. Cinquante
pièces de gros calibre rayonneront du haut du fort sur tout
cet horizon et tiendront la plaine sous leur feu jusqu'à
10 kilomètres à la ronde. Le canon de Cormeilles enfilera la
Seine jusqu'à Saint-Germain en amont, jusqu'à Conflans et
le confluent de l'Oise en aval. Les obus atteindront Pontoise
et fouilleront au loin la plaine entre l'Oise, la Seine et les
croupes de la forêt de Montmorency. Ce puissant bastion
avancé du camp retranché parisien au nord-ouest tire
d'ailleurs de sa situation topographique une force et une
efficacité défensives assurément comparables à celles du Mont
Valérien. Les pentes du mamelon que le fort couronne sont
inabordables de trois côtés, et son commandement est si
étendu, qu'il n'existe point au nord, à l'ouest ni au sud
d'emplacement favorable d'où l'on puisse contre-battre avec
succès ses batteries. La butte d'Herblay, dominée de très haut
et à courte portée, ne serait pas tenable un seul instant sous
le feu plongeant du fort. Quant aux crêtes de la forêt de

Montmorency, les moins éloignées sur lesquelles l'ennemi pourrait dresser des batteries de bombardement sont à plus de 5 kilomètres de distance à vol d'oiseau. Le front du fort tourné en arrière, au sud-est, vers Paris et Saint-Denis, est le seul abordable. C'est par là qu'une étroite arête unit le mamelon de Cormeilles à la croupe allongée vers Sannois et Orgemont. Mais pour conduire une attaque régulière de ce côté, il faudrait au préalable enlever successivement les Batteries de Franconville, des Cotillons et les autres redoutes qui couronnent les points saillants du dos d'âne, à la hauteur des villages de Franconville et de Sannois, opération à coup sûr impraticable pour un ennemi condamné à aborder la colline par le versant escarpé du nord sous le feu direct des ouvrages attaqués et sous le feu de revers des batteries du fort de Montlignon! Ainsi, pas plus que le Mont-Valérien en 1870-71, la forteresse de Cormeilles n'aurait désormais à redouter sérieusement ni attaque rapprochée, ni bombardement à distance. Protégée de telle sorte par les feux du fort de Cormeilles et celui de ses Batteries annexes au nord, fermée par le cours de la Seine à l'ouest, garantie au sud par les forts et les redoutes du plateau de Marly, qui seront décrits ultérieurement, la populeuse et fertile presqu'île d'Argenteuil appartiendrait à la défense plus solidement encore que ne lui appartint, en 1870-71, la presqu'île de Gennevilliers. Toutes les ressources de la riche plaine qui s'étend des remparts de Paris à la forêt de Saint-Germain seraient à la disposition de l'armée et de la population parisiennes. Avantage inestimable en cas de blocus quelque peu prolongé!

Dans ces conditions nouvelles, le plan de sortie par la Basse Seine, conçu, médité, préparé, d'octobre à la fin de novembre 1870, par les généraux Trochu et Ducrot, plan qui n'a pas reçu de commencement d'exécution, mais qui a été démesurément vanté après la guerre, deviendrait, le cas échéant, une conception aussi rationnelle et pratique qu'elle l'était peu, selon nous, en 1870. On connaît, par un discours mémorable du général Trochu à l'Assemblée nationale et surtout par le grand ouvrage du général Ducrot sur la défense de Paris, tous les détails circonstanciés de leur projet. Frappés de la faiblesse du rideau de troupes prussiennes qui gardaient d'Argenteuil à Croissy, en face de Bougival, la rive droite de la Seine sur le côté ouest de la presqu'île de Gennevilliers, les généraux Trochu et Ducrot avaient conçu l'idée de jeter à l'improviste sur cette rive soixante mille hommes qui culbutant rapidement les postes prussiens, auraient occupé Argenteuil, Bezons, Houilles, Carrières, se seraient formés dans la presqu'île, la tête de colonne vers la patte d'oie d'Herblay, et, se glissant entre Cormeilles et le coude de la Seine à l'extrémité nord de la forêt de Saint-Germain, le long de la grande route du Havre, auraient marché vers la plaine du confluent de l'Oise, pris la route nationale de Dieppe à la patte d'oie, et franchi enfin la rivière à Pontoise pour gagner librement les plateaux du Vexin et les routes du rivage de la Manche. L'entreprise, certes, pouvait réussir par sa hardiesse même et son imprévu ; mais les difficultés étaient énormes, et les risques terribles.

Ce n'était rien que de se jeter dans la presqu'île d'Argenteuil : la question était ensuite d'en sortir.

Nul moyen, en effet, d'aller droit devant soi, une fois la Seine franchie et les postes prussiens culbutés. Le grand repli du fleuve aux pieds de la terrasse de Saint-Germain, entre le Pecq et les pentes de Cormeilles, barrait sur une étendue de 14 kilomètres tous les chemins directs vers l'ouest et la vallée de la Basse-Seine. Saint-Germain était inabordable. Les ponts de Maisons-Lafitte détruits ou aux mains de l'ennemi, il fallait de toute nécessité qu'au lieu de marcher en avant, l'armée parisienne obliquât à droite, au nord, ne disposant, pour sortir de la presqu'île, que d'une seule route carrossable, celle qui du pont de Bezons va rejoindre à la patte d'oie d'Herblay le grand chemin national de Paris à Dieppe par Pontoise.

Or, du pont de Bezons à la patte d'oie d'Herblay, il y a un peu plus de 9 kilomètres. En mettant les choses au mieux, il aurait fallu aux soixante mille hommes de l'armée de sortie — traînant nécessairement après eux un matériel roulant énorme — quatre ou cinq heures de temps pour passer les ponts de la Seine, balayer l'ennemi, se concentrer après le combat, se mettre en ordre de marche, et atteindre le point désigné, en défilant sur un seul chemin dans l'étroit espace compris entre les pentes de Cormeilles et les rives du fleuve.

Que serait-il arrivé, si quelques bataillons et quelques batteries prussiennes, se repliant sur la position décisive de Cormeilles, avaient barré le défilé, entre la Seine et l'emplacement actuel du fort, de manière à forcer la tête de l'énorme colonne de sortie à combattre et à s'ouvrir de vive force le passage?

Il n'est que trop facile de répondre à cette question. La tête de colonne aurait été arrêtée net. Le surplus de la division prussienne du IVe corps, qui bordait la Seine d'Argenteuil à Bezons et que nous supposons bousculée à l'improviste, se serait naturellement ralliée sous la protection de ses batteries permanentes de Sannois et du moulin d'Orgemont. Les renforts qu'elle aurait pu recevoir en moins de deux heures de son propre corps d'armée, lui auraient assurément permis de tenir ferme sur l'admirable crête de Sannois-Cormeilles. Nos soixante mille hommes auraient été par conséquent forcés de faire front à droite et de donner l'assaut à ces hauteurs escarpées. Pendant ce temps, leur marche oblique à la base d'opération aurait eu forcément pour effet de découvrir les ponts jetés sur la Seine, de Chatou à Bezons. La division de la landwehr de la Garde prussienne, stationnée depuis longtemps à Saint-Germain et au Pecq, aurait évidemment passé le fleuve sur ces entrefaites, et, moins de deux heures (4 kilomètres à parcourir) après les premiers coups de canon tirés, se serait trouvée en mesure d'attaquer en queue notre armée, aux prises sur les pentes de Sannois-Cormeilles avec la majeure partie du IV<sup>e</sup> corps. Plus les nôtres auraient été engagés vers Herblay, plus la landwehr de la Garde aurait eu de chances de les séparer des ponts de Chatou, de Carrières et de Bezons. Notre armée n'aurait pu d'ailleurs suivre un autre chemin que celui de l'étroit couloir de 2 kilomètres entre Cormeilles et le coude de la Seine, à l'extrémité nord de la forêt de Saint-Germain. Le fleuve, comme nous l'avons dit, baigne la face de la forêt tournée vers Paris. Cet espace, de plus de 3 lieues, à travers lequel court la direction normale d'une armée parisienne débouchant par Bezons vers la Basse-Seine, était absolument clos en 1870. La presqu'île d'Argenteuil n'était alors qu'un cul-de-sac dont la colline de Cormeilles fermait la seule sortie abordable de plain-pied. A moins d'une prodigieuse impéritie chez l'ennemi, d'une habileté doublée de vigueur incomparable et de rare bonheur chez les nôtres, l'armée n'aurait pu franchir en temps utile ce détroit périlleux. Dans cette impasse, un simple échec pouvait, en quelques heures, se changer en catastrophe. On frémit en songeant à ce qui aurait pu advenir d'une armée si jeune et si impressionnable, qui se serait trouvée bientôt entassée sur moins d'une lieue carrée de terrain, l'ennemi en tête, l'ennemi sur ses derrières, et l'infranchissable fossé de la Seine sur ses deux flancs ! On frémit plus encore à la pensée des conséquences effroyables, dans l'état d'esprit de Paris, d'une nouvelle édition de Sedan aux portes mêmes de la capitale assiégée !

M. le général Ducrot s'est plaint amèrement que les avis de la Délégation du gouvernement de la Défense nationale en

province, transmis après Coulmiers, l'aient empêché de
· mettre ce plan à exécution. Plainte imprudente! car, à
moins d'une de ces faveurs inouïes dont la fortune n'avait
point coutume de nous combler en 1870, la sortie de la Basse-
Seine se serait terminée tristement entre Argenteuil, Bezons
et Cormeilles!

Tous ces risques et toutes ces difficultés disparaissent avec
la fortification nouvelle de Paris. C'est sans le moindre
obstacle qu'une armée de sortie gagnerait désormais cette
patte d'oie d'Herblay que le général Ducrot n'aurait pu
atteindre en 1870 qu'au risque d'un désastre. Il n'y aurait
aucun passage de la Seine à opérer en face de l'ennemi
puisque la presqu'île d'Argenteuil appartiendrait à la défense.
Et non seulement le débouché dans la plaine du confluent de
l'Oise et de la Seine serait libre, mais grâce aux puissantes
batteries de Cormeilles la plaine elle-même, jusqu'aux rives
de l'Oise, se trouverait sous le canon parisien. La situation du
corps d'armée ennemi qui tenterait de se maintenir en deçà
de l'Oise, de Méry-sur-Seine à Conflans-Sainte-Honorine,
serait même si hasardée, avec la rivière à dos, en rase plaine
et en face d'un ennemi maître de déboucher à l'improviste
tant de la presqu'île d'Argenteuil que de la plaine entre
Montlignon et Franconville, que très vraisemblablement
l'assiégeant reporterait sa vraie ligne d'investissement sur la
rive droite de l'Oise, ne risquant sur la rive gauche que de
simples postes d'observation.

Il convient toutefois de remarquer que si le rentrant énorme
qui semble laisser à découvert le secteur ouest de l'enceinte
bastionnée de Paris, est très efficacement protégé en première
ligne par les replis de la Seine et le flanquement de
Cormeilles-Sannois d'une part, de Marly-Louveciennes de
l'autre, et en deuxième ligne par le Mont-Valérien et les
ouvrages de Saint-Denis, les propriétés offensives de ce

secteur de la fortification parisienne sont extrêmement restreintes. La marche directe sur Pontoise, si elle était entreprise par une armée de sortie, se ferait évidemment par la plaine, entre le plateau de Montmorency et la croupe de Sannois-Cormeilles, plutôt que par la presqu'île d'Argenteuil. Les avantages offensifs obtenus dans cette direction dépendent donc du système nord, examiné plus haut, beaucoup plus que du système ouest. Une armée réunie dans la presqu'île d'Argenteuil, qui voudrait marcher directement à l'ouest par Saint-Germain et Poissy, rencontrerait toujours devant elle l'obstacle de la Seine et les fortes positions de la forêt de Saint-Germain, qui couvre à peu près entièrement la troisième des presqu'îles formées en aval de Paris par les grands replis alternés de la Seine. Un peu plus large et un peu moins longue que celles de Gennevilliers et d'Argenteuil (12 kilomètres sur 6), la presqu'île de Saint-Germain s'en distingue aussi en ce qu'elle forme un plateau sensiblement élevé au-dessus du niveau du fleuve. C'est une terrasse naturelle assez haute du côté de la ville de Saint-Germain. Elle domine d'abord de plus de 50 mètres le niveau du fleuve, puis s'abaisse sensiblement au nord vers le coude de la Seine et le confluent de l'Oise. Elle n'en fournit pas moins à l'ennemi qui investirait Paris une position excellente, aisée à défendre, grâce au fleuve, et d'où quelques batteries bien placées pourraient tirer efficacement sur tout rassemblement de troupes parisiennes dans la presqu'île basse et plate d'Argenteuil. D'autre part, les profonds ravins qui séparent Saint-Germain du plateau de Marly occupé par la défense (secteur sud) permettraient à l'assiégeant de se garantir contre une attaque partie des hauteurs de la rive gauche de la Seine. Ajoutons que l'occupation solide, par l'ennemi, de Pontoise et des positions qui dominent sur la rive droite le confluent de l'Oise et de la Seine, achèverait de fermer à une armée parisienne les routes

de Rouen et de Dieppe, par lesquelles le général Trochu avait
rêvé de lancer en 1870 son armée d'opérations. De ce côté
les crêtes de l'amphithéâtre parisien sont encore en dehors du
cercle de défense. Cette défectuosité du secteur ouest —
défectuosité au point de vue offensif seulement, car au point
de vue défensif ce front est à peu près invulnérable — n'a pas
échappé aux auteurs du nouveau plan de défense de Paris.
La loi du 28 mars 1874 avait même autorisé la construction de
deux forts destinés à faire rentrer toute la presqu'île et la forêt
de Saint-Germain dans la zone protégée. Ces forts auraient
été situés, l'un à Saint-Jamme, à la pointe sud-ouest de la
forêt de Marly, sur le revers sud du plateau qui commande
les plaines de la rive gauche de la Seine en aval de Poissy,
l'autre à Aigremont, sur la crête nord du même plateau, à
3 kilomètres du fleuve, à moins de 4 kilomètres de la ville et
du pont de Poissy.

L'exécution de cette partie du plan de défense a été
indéfiniment ajournée, sinon totalement abandonnée. Il
n'est pas difficile de se rendre compte des motifs de cette
décision. Les forts de Saint-Jamme et d'Aigremont auraient
eu le grave défaut de ne pas se lier solidement au reste du
système de défense du front ouest, et le vice, plus grave
encore, de ne garantir ni la possession réelle de la forêt de
Saint-Germain ni à plus forte raison les moyens d'en déboucher
sur les plateaux de la rive droite de l'Oise et de la Seine.
Saint-Jamme et Aigremont, déjà distants de 4 kilomètres
l'un de l'autre, se seraient trouvés à plus de 8 kilomètres
des ouvrages les plus rapprochés, ceux du plateau de
Marly, et séparés de cette position essentielle, l'un par de
profonds ravins, l'autre par toute l'épaisseur de la forêt de
Marly. D'autre part, le fort d'Aigremont, situé sans doute de
façon à interdire à l'ennemi le passage de la Seine à Poissy,
n'aurait en aucune façon pu l'empêcher néanmoins de jeter des

ponts vers Andresy, près du confluent de la Seine et de l'Oise. Aux abords de ce village, situé à 10 kilomètres à vol d'oiseau de Cormeilles d'une part, et de l'autre à distance égale d'Aigremont, le passage de la Seine aurait été aisé pour un ennemi venu du nord par la rive droite de l'Oise et maître des magnifiques hauteurs de l'Hautie qui commandent de plus de 130 mètres tout l'angle compris entre la rivière et le fleuve depuis Triel jusqu'aux ponts de Conflans et aux abords de Pontoise. La presqu'île de Saint-Germain, abordée par sa face ouest, aurait donc pu être occupée, et les forts de Saint-Jamme et d'Aigremont isolés et annulés. Cette dernière hypothèse suppose, à la vérité, la défense de Paris réduite à la passivité absolue, car en admettant une garnison nombreuse et solide, la conservation de la presqu'île de Saint-Germain n'aurait certainement pas constitué une tâche impraticable. Mais nous estimons que la direction supérieure du génie a sagement agi en se plaçant au point de vue de la défense réduite au strict minimum des forces nécessaires à l'occupation des positions essentielles. On s'est astreint à ne pas construire d'ouvrages, à ne pas embrasser de positions dont l'occupation solide et le maintien des communications permanentes avec le corps de place dépendraient de l'effectif plus ou moins considérable de la garnison mobile du camp retranché parisien. La règle est sage, et l'on a bien fait de s'y tenir.

Est-ce à dire pour cela que nous approuvions d'une manière absolue la non-exécution des ouvrages de Saint-Jamme et d'Aigremont? Ce serait fort mal interpréter notre pensée. Ce qu'il faut reconnaître, en effet, c'est que la clé de la presqu'île de Saint-Germain, en même temps que celle de l'entrée des plateaux au delà de l'Oise, est sur les crêtes de l'Hautie. La vraie solution consisterait donc à occuper à la fois ces crêtes et les positions d'Aigremont et de Saint-Jamme. Le rapport de M. le général de Chabaud-Latour, inséré au

*Journal officiel* du 31 mars 1874, l'indique bien, mais sans faire suffisamment ressortir la solidarité, la dépendance étroite qui lient l'occupation des hauteurs de l'Hautie, au dessus de Triel et de Chanteloup, à celle des points désignés pour l'érection des forts d'Aigremont et de Saint Jamme. Qu'un fort solide et quelques batteries annexes couronnent l'Hautie, et cela suffira pour que l'ennemi soit forcé de reporter son point de passage de la Seine jusqu'à une lieue au moins en aval de Triel, c'est-à-dire jusqu'à plus de 30 kilomètres à vol d'oiseau de Paris, à plus de 75 kilomètres si l'on tient compte des méandres et des circuits du fleuve. Les batteries de l'Hautie, croisant leurs feux avec celles d'Aigremont, battraient alors de leurs grosses pièces, à moins de 5 kilomètres de distance, tout point de passage choisi entre Conflans, Poissy, Triel et Vaux, et l'établissement d'un pont permanent deviendrait, dans ces conditions, impraticable pour l'envahisseur. La forêt de Saint Germain ne serait plus accessible que par la rive gauche de la Seine. C'est dire que l'ennemi ne pourrait songer à s'y établir qu'après l'attaque en règle et la prise du fort d'Aigremont. Par contre, le fort de l'Hautie donnerait à l'armée de défense une admirable tête de pont au delà de l'Oise, à l'origine des plateaux où se déroulent les chemins de Rouen, du Havre, de Dieppe, de Beauvais. Cette armée massée dans la forêt de Saint-Germain, soustraite à toutes les vues, serait en mesure d'opérer inopinément le passage du fleuve en aval du confluent de l'Oise, d'Andresy à Poissy, et de déboucher, sous la protection des canons du fort, par les routes diverses qui sillonnent la plaine au nord et à l'ouest.

La position de l'Hautie occupée, ce serait le bras de Paris hardiment et fermement tendu vers Rouen et le Havre !

On a reconnu que fortifier Saint-Jamme et Aigremont sans fortifier les hauteurs de l'Hautie serait oiseux et onéreux. Il convient donc de se féliciter de l'abandon de la demi-mesure autorisée par la loi du 28 mars 1874; mais il est permis aussi d'espérer qu'on finira par comprendre que l'occupation combinée et simultanée de Saint-Jamme, d'Aigremont et de l'Hautie serait, sur ce front, le complément naturel et nécessaire de l'œuvre nouvelle de défense. Tel qu'il est, le front de la Basse-Seine assure au camp parisien des avantages incomparablement supérieurs à ceux qu'il présentait en 1870-71. C'est un résultat précieux. Mais, complétée comme nous venons de l'indiquer, la fortification de ce secteur augmenterait dans des proportions énormes et les difficultés de blocus pour l'assiégeant et les moyens de rentrée en campagne pour l'assiégé. Il y a là un intérêt puissant. Nous espérons que le gouvernement le reconnaîtra, et que la tête de pont au delà de la Marne, décrite dans le chapitre suivant, aura bientôt pour pendant une tête de pont non moins importante au delà de l'Oise et de son confluent avec la Basse-Seine.

# CHAPITRE VII

Topographie du secteur entre Marne et Seine. — La vallée de la Marne et le plateau de la Brie. — Presqu'île Saint-Maur et plaine de Créteil. — Importance stratégique de ce secteur. — État de la défense en 1870. — Positions allemandes de blocus. — Leur force extraordinaire. — Plan de sortie par la Marne et le plateau de la Brie. — La situation au 29 novembre 1870. — Bataille de Champigny. — Fautes irréparables. — Critique des opérations. — La sortie avait-elle des chances de succès? — Fortification nouvelle du front est. — La tête de pont sur la Marne. — Forts et Batteries de Villeneuve-Saint-Georges, de Champigny, de Villiers, etc. — Conséquences stratégiques du couronnement des hauteurs du plateau de la Brie.

La vallée de la Marne et les riches plateaux de la Brie entre Marne et Seine sont, au même titre que la plaine du nord entre Marne et Oise, les grands chemins d'une armée d'invasion partie d'Allemagne et marchant vers Paris. C'est entre Marne et Seine que s'acheminait en 1814 la grande armée des coalisés, et qu'en 1870 le prince royal de Prusse conduisait le gros des forces allemandes. La possession complète du territoire compris dans l'angle immense formé par le cours de la Seine et de la Marne, qui a son sommet — le confluent — aux portes de Paris, son côté nord orienté vers Meaux et Château-Thierry, son côté sud vers Corbeil, Melun et Fontainebleau, est d'absolue nécessité pour une armée assiégeante dont la base d'opération serait aux frontières de Lorraine et d'Alsace. Cet espace — qui compte parmi les plus fertiles et les plus populeux de l'île de France — n'est pas de ceux dont l'occupation solide puisse être négligée

par l'envahisseur. L'armée d'invasion qui ne le tiendrait pas
fortement, serait incapable de se maintenir avec quelque
sécurité aux abords de Paris. Encore moins pourrait-elle
porter la guerre au sud de la capitale, franchir la Seine et
isoler Paris des vastes régions de l'ouest, du centre et du
Midi. Pour une armée ennemie de blocus, établie comme la
IIIe armée allemande en 1870-71, sur la rive gauche de la
Seine, face à Paris, tournant le dos à Orléans, à Chartres, à
Dreux, occuper puissamment l'angle entre Marne et Seine
sera toujours une question d'existence. La raison en est
simple; car là passent toutes les voies par lesquelles une
telle armée s'alimente, se ravitaille, s'entretient, se renforce,
communique avec son pays, ses dépôts, ses magasins, et en
tire les moyens matériels de poursuivre sa tâche.

Trois grandes voies ferrées se déroulent au sortir de Paris
sur le territoire entre Marne et Seine : la ligne de Nancy par
Meaux et Châlons, la ligne de Mulhouse par Troyes et
Langres, la ligne de Paris à Lyon et à la Méditerranée par
Melun, Sens et Dijon. Cette dernière servit, en 1870-71, au
ravitaillement des armées allemandes, grâce à l'embran-
chement transversal de Chaumont à Nuits-sous-Ravières. Les
chaussées carrossables qui se dirigent vers l'Allemagne sont
plus nombreuses et plus indispensables encore à une armée
d'invasion. Indépendamment des grandes routes tracées sur
les deux rives de la Marne, celles de Paris à Châlons par
Coulommiers et Montmirail, de Paris à Vitry par Rozoy et
Sézanne, de Paris à Troyes par Brie-Comte-Robert et Provins,
de Paris à Montereau par Melun, partent toutes du sommet
de l'angle entre Marne et Seine. Il y faut ajouter les voies
transversales qui coupent le territoire vers ce sommet, et qui
sont les chemins obligés de communication pour une armée
ennemie investissant le front sud de Paris : — la route de
Meaux à Versailles par Lagny, Bry, Champigny, le pont

de Choisy-le-Roi, etc., route que suivit le V<sup>e</sup> corps prussien en septembre 1870; la route parallèle à la précédente, par Jossigny, Croissy, Ormesson et Bonneuil, franchissant de même la Seine à Choisy-le-Roi; la route de Coulommiers à Versailles, par Tournan, Brie-Comte-Robert et le pont de Villeneuve-Saint-Georges; la même, avec passage au pont de Juvisy; la route de Provins à Versailles par Mormant, le pont de Corbeil, Longjumeau, Palaiseau et la vallée de la Bièvre; la même jusqu'à Corbeil, puis par Montlhéry et Orsay; enfin tout l'ensemble de routes rayonnant de Melun vers Châlons et de Fontainebleau vers Troyes et Vitry. Une armée française solidement établie vers le sommet de l'angle et capable de déboucher à son heure sur les chemins que nous venons d'énumérer, mettrait l'ennemi qui se serait risqué au sud de Paris en un tel péril, qu'il y a tout lieu de croire que le passage sur la rive gauche de la Seine ne serait pas même tenté avant l'occupation par l'envahisseur de positions assez solides pour le garantir d'une offensive soudaine contre ses lignes de communication.

Ces positions existent; la nature les a préparées aux abords immédiats de Paris. Les Allemands les occupèrent sans obstacles en 1870, s'y installèrent et s'y fortifièrent à loisir.

Le terrain compris entre Melun, Meaux et le confluent de la Marne et de la Seine sous Paris, forme un vaste plateau assez élevé au-dessus des plaines alluviales de la Marne et de la Seine, très fertile, très boisé, couvert de riches villages, à peine sillonné de quelques cours d'eau. Un seul de ces cours d'eau est important, l'Yères, qui creusant profondément une vallée fraîche et gracieuse, passe au sud de Brie-Comte-Robert et vient se jeter dans la Seine au pied de la haute colline de Villeneuve-Saint-Georges, à 10 kilomètres du confluent de la Seine et de la Marne, à 12 de l'enceinte de Paris. Les pentes du plateau surplombent la Seine à l'ouest et la dominent sur tout son cours de Melun à Corbeil et Villeneuve-Saint-Georges. Au nord, elles se dressent de même au-dessus de la Marne, qui n'entre réellement en plaine qu'à peu de distance de son confluent. Dans l'espace relativement étroit compris entre Ormesson et la Seine, à Villeneuve-Saint-Georges, la crête nord et la crête ouest du plateau se rejoignent en décrivant une immense courbe dont la convexité est tournée vers Paris, courbe de hauteurs dressées comme une falaise au-dessus de la plaine. C'est la haute ligne jalonnée d'arbres qu'on aperçoit de tous les points élevés de l'intérieur de la capitale, barrant l'horizon au sud-est. Les villages de Limeil, Boissy-Saint-Léger, Sucy-en-Brie, Ormesson, Chennevières, le haut Champigny, Villiers, Noisy-le-Grand, en marquent le faîte. Cette série de positions superbes commande la plaine parisienne de plus de 70 mètres de hauteur entre Villeneuve et Ormesson, et elle a la Marne pour fossé d'Ormesson à Noisy-le-Grand. Une armée qui l'occupe interdit aux défenseurs de Paris l'accès du plateau de la Brie, tient par conséquent toutes les routes débouchant de la capitale vers l'est, et couvre en même temps tous les chemins transversaux par lesquels s'opèrent les communications entre la base d'opération à la frontière et l'armée d'investissement au sud de Paris. La possession de ces crêtes fut d'un prix inestimable pour l'armée allemande en 1870-71, et c'est pour les lui arracher que fut tenté, très rationnellement d'ailleurs, le plus puissant des efforts de la défense.

Mais l'importance particulière de la ligne que nous venons de décrire sommairement et les souvenirs historiques qui s'y rattachent, exigent une étude des lieux plus complète et plus précise.

La Marne, dont nous avons étudié les abords sur la rive nord, baigne au sud, d'une façon presque constante, le pied du plateau de la Brie. Sur sa rive droite s'étend en premier lieu, au-dessus de Lagny et de Pomponne, la jolie plaine du milieu de laquelle s'élève le curieux mamelon isolé, déjà décrit, que couronne à présent le fort de Chelles. Sur la rive gauche, au contraire, le coteau tombe assez brusquement sur le bord de la rivière. Celle-ci n'est pas large, mais elle est profonde et sans gués praticables. De Vaires à Neuilly-sur-Marne, un canal latéral, dit canal de Chelles, la borde sur 10 kilomètres de parcours. Un peu après Neuilly, la rivière qui depuis Lagny coulait sensiblement orientée de l'est à l'ouest, fait un premier coude de 2 kilomètres au sud, en aval de Neuilly. Elle va ronger le pied du plateau, au village de Bry-sur-Marne, puis reprend un instant sa direction normale, en contournant les pentes extrêmes de l'éperon sur lequel est bâti le fort de Nogent.

A Joinville-le-Pont, nouveau méandre, qui s'accentue très brusquement. La Marne, qui vient de baigner les pentes sud-est du plateau de Vincennes, tourne à l'est pour parcourir, à partir de Joinville, une des plus bizarres sinuosités dont il y ait exemple. La vaste courbe qu'elle décrit forme presque un cercle parfait. En effet, rencontrant de nouveau à Champigny le pied de la falaise qui forme la ceinture du plateau de la Brie, cette courbe tourne encore doucement durant plusieurs kilomètres, lèche la base des escarpements couronnés par le village de Chennevières, puis se redresse en arc de cercle vers le nord, pour venir passer, dans son cours paisible à travers les alluvions de la plaine de Créteil, à 1,200 mètres à peine à l'ouest du même village de Joinville, dont elle avait baigné la face opposée au début du méandre. Sans cet isthme d'un quart de lieue, coupé d'ailleurs par un canal souterrain, le cercle serait fermé, et le territoire compris à l'intérieur formerait une île circulaire de 13 kilomètres de développement. C'est la grande boucle de la Marne, bien connue par les villages de Saint-Maur, de Port-Créteil et de la Varenne, qui en occupent l'intérieur. A partir du point où le canal

transversal de l'isthme débouche dans la Marne, la rivière
oblique à l'ouest, baigne le versant sud-ouest du plateau de
Vincennes et le pied de la colline de Charenton, pour terminer
son cours en se jetant dans la Seine, à une demi-lieue de
l'enceinte de Paris. Ce confluent, si l'on suit la direction
normale du cours de la Marne, direction que prolonge assez
sensiblement le canal transversal de Joinville, n'est qu'à
4 kilomètres de Joinville-le-Pont, tandis qu'il est distant de
16 kilomètres si l'on s'astreint à suivre le méandre circulaire
qui enceint la presqu'île de Saint-Maur.

Quant aux crêtes du plateau de la Brie, elles tournent au
sud à partir de Villiers et de Champigny, courent directement
vers la Seine, et projettent presque immédiatement sur sa
rive droite le promontoire de Villeneuve-Saint-Georges. Entre
l'arc méridional de la Marne, sous Chennevières, la ligne des
hauteurs jusqu'à Villeneuve-Saint-Georges, la Seine, la Marne
et le plateau de Vincennes, s'étend la plaine de Créteil, que
parcourent le chemin de fer de la Méditerranée, les routes
de Paris à Lyon et de Paris à Troyes, ainsi que le chemin
transversal qui mène de la vallée de la Marne à Versailles par
Choisy-le-Roi. Vers le côté sud-est de cette plaine s'élève, non
loin de la Marne, une petite croupe isolée longue à peine d'un
kilomètre et haute d'une trentaine de mètres au-dessus du sol
environnant. C'est le Montmesly, qui fournit, lors du siège,
un bon poste d'observation aux Allemands.

Tout ce front de Paris était, en 1870, un des mieux défendus.
La grande boucle de la Marne constituait, au point de vue des
communications latérales, un obstacle fort gênant pour un
ennemi qui, après être descendu du plateau de la Brie, aurait
tenté de pousser des approches régulières contre la place. Le
fort de Charenton, situé au sommet de l'angle, à quelques
centaines de mètres au sud du confluent de la Marne et de la
Seine, couvrait le pont d'Alfort et interdisait l'accès du plateau

de Vincennes à un ennemi venant par la plaine de Créteil. Une attaque dirigée contre ce même plateau de Vincennés soit de l'intérieur de la presqu'île, soit de la petite plaine au pied des collines de Bry et Champigny, se serait heurtée à des obstacles non moins puissants. Les redoutes de la Faisanderie et de Gravelle développaient un front bastionné fermant la boucle et s'appuyant à droite et à gauche à des escarpements baignés par la Marne. Les feux du fort de Nogent, que sa position culminante à l'éperon sud du plateau de Romainville-Montreuil mettait en mesure d'intervenir efficacement, achevaient de rendre la position à peu près inabordable, pour peu qu'elle fût défendue. Elle avait enfin pour réduit le vieux donjon de Vincennes, pourvu de batteries dont les feux, combinés avec ceux de Nogent, auraient rendu difficile la situation d'un ennemi parvenu à prendre pied sur le plateau.

Une attaque brusquée n'était pas d'ailleurs à redouter sur ce front; car pour aborder le plateau soit du côté de l'est, soit de celui de l'ouest, en tournant les redoutes bastionnées de Gravelle et de la Faisanderie, il aurait fallu, de toute nécessité, franchir la Marne sous le feu plongeant des défenseurs du plateau, sous les feux de revers des forts de Charenton et de Nogent, et gravir ensuite des pentes extrêmement difficiles. La faible étendue des espaces accessibles, la facilité avec laquelle l'assiégé pouvait les couvrir d'obstacles improvisés, donnaient à la défense du plateau de Vincennes un avantage décisif. L'assaillant y aurait risqué beaucoup, sans chance appréciable de profit. Quant à l'attaque régulière, la nature du terrain condamnait ce mode d'action à des lenteurs excessives. L'état-major allemand le comprit si bien, qu'aucune tentative, soit en vue du bombardement de la ville, soit au point de vue de l'attaque en règle contre les ouvrages extérieurs, ne fut opérée de ce côté.

L'ennemi se borna donc à s'assurer la possession du plateau

de la Brie, en occupant fortement les crêtes qui dominent la Marne et la plaine de Créteil. Le blocus — sur ce secteur — demeura jusqu'au bout purement passif. Garder ses routes de communication fut l'exclusive préoccupation de l'assiégeant. L'état-major allemand n'exigea pas d'autre rôle du corps d'investissement posté entre Marne et Seine. Ce rôle, il est vrai, était d'importance capitale, et, bien rempli, il assurait le succès du siège. La nature des lieux rendait d'ailleurs la tâche facile et permettait de n'y employer qu'un nombre restreint de troupes. Autant en effet il était difficile à un assaillant de franchir la Marne et de gravir le plateau de Vincennes, autant il était malaisé à une armée parisienne de sortie de s'élever sur le plateau de la Brie et de rompre de ce côté les lignes d'investissement.

Une armée qui aurait débouché par la plaine de Créteil, le long des routes de Lyon et de Troyes, n'aurait sans doute rencontré aucun obstacle sérieux jusqu'au pied des collines. Mais là les positions splendides de Limeil, de Boissy-Saint-Léger et de Sucy-en-Brie auraient opposé l'obstacle de leurs feux étagés, de leurs villages, de leurs bois et de leurs parcs organisés défensivement avec une entente parfaite de l'art d'utiliser les avantages naturels du terrain. L'armée de sortie n'aurait pu faire un pas à travers la plaine sans être aperçue, comptée, pour ainsi dire, homme par homme, du haut de l'amphithéâtre que couronnaient les lignes ennemies. Le front d'attaque, limité par la Seine et par l'extrémité sud du coude de la Marne, n'aurait présenté qu'un développement de 6 kilomètres. Encore toute la droite des positions allemandes, entre la grande route de Troyes, le ruisseau du Mortbras et la Marne, était-elle couverte par le marais de Sucy, qui aurait opposé un sérieux obstacle à la marche des Français. Il faut considérer, en outre, qu'aucun mouvement tournant n'était praticable. La Seine à la droite de l'armée de sortie, la Marne

et les crêtes escarpées de Chennevières à sa gauche, fournissaient, en effet, des points d'appui extrêmement solides aux
deux ailes de l'ennemi. Même avec des masses prépondérantes
l'entreprise aurait eu de très faibles chances de succès. Nos
troupes manquant d'espace pour se déployer, se seraient
vraisemblablement brisées, après des efforts infructueux,
contre un ennemi très inférieur en nombre, mais servi par
les avantages d'une position exceptionnellement forte. ·

Une sortie par la presqu'île aurait été beaucoup plus
difficile encore. L'arc de hauteurs entre Sucy et Champigny,
tombant à pic sur la Marne qui en baigne le pied, était
absolument inabordable pour peu qu'il fût défendu.

Restait la portion du secteur d'investissement, à l'est de la
boucle de la Marne. Les routes de Meaux par Nogent-sur-
Marne, Bry et Lagny, de Coulommiers par Joinville-le-Pont,
Villiers et Croissy, de Provins par Joinville encore, Champigny,
Tournan et Rozoy, enfin la chaussée du chemin de fer de
Mulhouse, fournissaient autant de débouchés à l'armée
française qui, après avoir franchi la Marne sous la protection
des redoutes du plateau de Vincennes et des batteries du fort
de Nogent, tenterait de s'élever sur les pentes opposées du
plateau de la Brie. Le front d'attaque immédiat était, il est
vrai, très resserré, et les positions de l'ennemi sur les crêtes
de Champigny et de Villiers extrêmement favorables à la
défensive. Toutefois, le flanc droit du corps de blocus n'avait
sur cet arc de la ligne que des points d'appui insuffisants.
L'aile allemande, en effet, ne rejoignait la Marne que près de
Gournay, en face de Chelles, et les collines, si escarpées à
gauche, vers Champigny, s'abaissaient insensiblement de ce
côté jusqu'aux bords de la rivière. L'occupation et l'armement
du plateau d'Avron, décrit précédemment, pouvait donner à
l'armée parisienne les moyens de s'étendre sur sa gauche et
de passer aisément la Marne, vers Neuilly-sur-Marne. Le

passage opéré, cette aile de l'armée de sortie pouvait s'élever
rapidement sur le plateau en enlevant et débordant le village
de Noisy-le-Grand, de manière à prendre ensuite à revers les
défenses de Villiers. Dans ces conditions, le front d'attaque
atteignait un développement de 7 à 8 kilomètres, et le succès,
quoique difficile, n'était cependant pas impossible. Il l'était
d'autant moins que les Allemands, confiants dans la force
naturelle des positions, n'avaient que peu de monde sur tout
ce secteur.

Une division d'infanterie prussienne (IIe corps) gardait au
début les lignes en face de la plaine de Créteil, tandis que la
division wurtembergeoise s'étendait à droite de Sucy-en-Brie
jusqu'à Noisy-le-Grand. Une modification avait été apportée
à ces dispositions vers la fin de novembre 1870. La division
prussienne avait été ramenée sur la rive gauche de la Seine;
les Wurtembergeois avaient reçu ordre d'appuyer sur leur
gauche pour remplacer les Prussiens, tandis que la moitié de
la 24e division (saxonne) passait de la droite à la gauche de
la Marne et relevait les Wurtembergeois sur la portion du
secteur comprise entre Bry-sur-Marne et Gournay. Toutefois
une brigade prussienne du IIe corps, en réserve à Villeneuve-
Saint-Georges, était en mesure de secourir promptement les
Wurtembergeois en cas d'attaque. Toutes ces forces dépassaient à peine l'effectif d'un corps d'armée. C'était bien peu
de troupes pour garnir un front de près de 20 kilomètres. On
pouvait même considérer cet effectif comme absolument insuffisant. Si, par exemple, l'armée française choisissait pour point
d'attaque la droite de la ligne allemande, il y avait des chances
sérieuses pour qu'elle ne rencontrât pas plus de douze ou
quinze bataillons entre Champigny et Gournay. Une attaque
bien préparée, exécutée à l'improviste et conduite énergiquement, pouvait donc amener en quelques heures l'armée de
sortie sur le plateau de la Brie et, de là, sur les lignes de

communication les plus indispensables à la grande armée allemande développée au sud de Paris, autour du quartier général de Versailles.

Aussi est-il juste de reconnaître qu'en se décidant à déboucher du plateau de Vincennes pour opérer au delà de la Marne, les généraux Trochu et Ducrot avaient très judicieusement choisi leur point d'attaque, lors de la grande sortie de la fin de novembre 1870. De même, les dispositions de combat avaient été habilement conçues. Des diversions sur plusieurs secteurs de Paris devaient donner le change aux allemands et retarder leurs concentrations. Une fausse attaque bien combinée allait inquiéter sérieusement l'ennemi dans la plaine de Créteil, tandis que l'attaque réelle se ferait à fond entre Champigny et Noisy-le-Grand, par les routes de Lagny, de Coulommiers et de Provins.

L'armée de sortie était nombreuse et, quoique formée de troupes improvisées, elle était déjà en mesure d'affronter, sans infériorité trop excessive, les troupes régulières allemandes. Forte de huit divisions, de douze à quinze bataillons chacune, elle ne présentait pas moins de cent mille combattants avec près de trois cents pièces de canon. Son moral était excellent. Elle brûlait de combattre et de briser le cercle de fer qui étreignait Paris. Quand l'armée se concentra, le 27 novembre, sur le plateau de Vincennes, toutes les chances raisonnables de succès étaient en sa faveur. Quoique l'ennemi eût conçu quelques vagues appréhensions d'une attaque dirigée contre le secteur est de sa ligne d'investissement, il n'avait toujours entre Chennevières, Noisy-le-Grand et Gournay qu'un mince cordon de dix ou douze bataillons.

Un contre-temps déplorable, puis une faute tactique capitale compromirent d'abord, et finalement annulèrent ces chances heureuses. L'attaque, fixée au 29 novembre, dut être retardée de vingt-quatre heures par suite d'une crue subite de la

Marne, qui avait empêché de jeter les ponts de bateaux en temps utile. Cet incident eut un effet doublement fâcheux. L'attention de l'ennemi fut décidément éveillée. L'état-major général prussien donna ordre, dans la journée du 29, au prince royal de Saxe, de faire passer immédiatement sur la rive gauche de la Marne la deuxième moitié de la 24ᵉ division (saxonne) et de se préparer à soutenir les Wurtembergeois avec toutes les forces disponibles. D'un autre côté, l'armée française éprouva du contre-ordre reçu le 29 au matin une déception extrêmement vive. Impressionnable et nerveuse, comme toutes les jeunes troupes, cette armée, dont la proclamation fameuse du général Ducrot venait de porter au paroxysme la passion patriotique, la résolution et l'enthou-siasme, se sentit envahie de nouveau par le doute et la défiance.

Toutefois, la difficulté des concentrations sur une ligne d'investissement aussi vaste que celle de Paris était telle pour l'ennemi, que le 30 novembre au matin, au moment où l'armée française, descendant du plateau de Vincennes, passa enfin la Marne entre Joinville-le-Pont et le viaduc du chemin de fer de Mulhouse, aucune troupe nouvelle n'était encore venue renforcer les bataillons saxons et wurtembergeois échelonnés de Gournay à Chennevières.

Le plan de bataille du général Ducrot était simple et sagement conçu. Tandis que la division Susbielle, du 2ᵉ corps, était chargée d'opérer une puissante diversion dans la plaine de Créteil, les deux divisions du 1ᵉʳ corps, celles des généraux Faron et de Malroy, devaient enlever Champigny sur notre droite, gravir ensuite le plateau, et s'y établir fortement en occupant le parc de Cœuilly et les bois adjacents; au centre, les divisions de Maussion et Berthaut, du 2ᵉ corps, devaient obliquer sur leur gauche, franchir le ruisseau de la Lande qui échancre la ligne de collines entre Champigny et Bry, gravir

les pentes du plateau et s'y établir, en s'emparant du village
et du parc de Villiers. Ces troupes, chargées d'attaquer de
front des positions excellentes, retranchées à loisir, avaient
la tâche la plus difficile. Le mouvement décisif était réservé
au 3ᵉ corps, commandé par le général d'Exéa. Il avait ordre
de franchir la Marne, sous la protection du plateau d'Avron,
avec la division Mattat et la brigade Reille en première ligne,
la division Bellemare en deuxième. C'était une masse de plus
de trente bataillons dont l'effort devait se porter sur le point
faible de la ligne ennemie. Les abords du village de Noisy-le-
Grand et les pentes du plateau plus aisément abordables de ce
côté que vers Champigny et Villiers, allaient d'ailleurs se
trouver forcément dégarnies, l'attaque de front obligeant
l'ennemi à concentrer ses bataillons autour de Villiers. Nos
troupes avaient donc toutes chances de prendre rapidement à
revers la clé même des positions allemandes.

Ce mouvement tournant du corps du général d'Exéa, que
la nature du terrain rendait aisé, car l'espace ne manquait pas
au déploiement des troupes, était parfaitement calculé pour
faire tomber toute résistance sérieuse sur le plateau avant
l'arrivée des renforts tirés du corps de blocus du front nord
de Paris. Une division d'infanterie et un fort détachement de
marins en position sur le plateau d'Avron, ne permettaient
pas d'ailleurs au commandant en chef du XIIᵉ corps (saxon)
d'envoyer plus de cinq à six bataillons nouveaux au delà de
la Marne.

Si chacun, dans l'armée française, avait fait son devoir, la
ligne d'investissement aurait été vraisemblablement rompue
le 30 novembre avant midi. Mais tandis que notre colonne de
droite, division Faron en tête, enlevait Champigny, escaladait
le plateau et engageait un combat acharné contre l'ennemi
retranché dans le parc de Cœuilly; tandis qu'au centre, les
divisions de Maussion et Berthaut enlevaient Bry-sur-Marne,

gravissaient les pentes rapides du plateau de Villiers et se
jetaient intrépidement de front sur la formidable position du
parc et du château de Villiers, le général d'Exéa, commandant
chef du 3e corps, qui avait pour mission d'accomplir le
mouvement décisif en tournant l'ennemi par sa droite, le
général d'Exéa, disons-nous, ne franchissait même pas la
Marne !

A onze heures du matin, au moment même où les jeunes
soldats des divisions Maussion et Berthaut tentaient des efforts
héroïques pour enlever d'assaut ce parc retranché de Villiers,
clé du champ de bataille dont les Allemands avaient fait une
véritable forteresse, les trente mille hommes et les quatre-
vingts pièces de canon du général d'Exéa demeuraient
immobiles et inutiles entre le fort de Nogent et Neuilly, ne
commençant même point les préparatifs de passage de la
Marne ! A deux heures, lorsque la 24e division (saxonne) arrivée
en ligne tout entière avait mis la position capitale de Villiers
à l'abri d'une attaque de front, le général d'Exéa se décidait
enfin, non sans d'étranges hésitations, à faire franchir la
rivière par sa première division, celle du général Bellemare ;
et lorsque, une heure après, cette division entrait en ligne
si tardivement, seule du reste, et non point suivie du gros du
corps d'armée, au lieu de la diriger sur Noisy-le-Grand de
façon à tourner l'ennemi, comme le portaient les instructions
du général en chef, on lui faisait faire demi-tour à droite et
on la jetait de front contre ce même parc crénelé de Villiers
au pied duquel tant de braves étaient déjà tombés inutilement !
Les jeunes soldats de Bellemare l'assaillaient avec une égale
intrépidité, mais prodiguaient de même, sans succès, un
sang généreux !

Cette accumulation de fautes coupables avait stérilisé la
vaillance des défenseurs de Paris ! Les bataillons wurtembergeois et saxons, concentrés sur une ligne de 3 kilomètres à

peine, avaient pu tenir ferme derrière leurs retranchements et conserver les positions maîtresses du plateau. Ajoutons — car il serait injuste de n'en pas tenir compte — que leur admirable ténacité contre les attaques impétueuses des nôtres n'avait pas été le moindre facteur de leur succès.

Ce n'est pas ici le lieu de raconter les suites de cette tragique journée du 30 novembre; il nous suffira de rappeler que la fatigue des troupes et le découragement des chefs plus encore que celui des soldats, leur conviction de l'inutilité d'un nouvel effort, paralysèrent l'armée dans la journée du lendemain. Elle se borna à camper sur ses positions de Bry-Champigny, occupant les premiers gradins du plateau. Attaquée le 2 décembre au matin avec une extrême vigueur par les Wurtembergeois, la 24ᵉ division (saxonne) et les trois quarts du IIᵉ corps prussien, l'armée française, cramponnée à ces pentes que tant de sang héroïque avait trempées, s'y maintint victorieusement après une lutte encore plus acharnée que celle du 30 novembre. Le résultat n'était pas sans prix pour l'honneur des armes, mais il était négatif au point de vue stratégique. L'impossibilité de percer par les plateaux de la Brie était démontrée. L'armée repassa la Marne le 3 décembre et revint sur le plateau de Vincennes. Sa retraite ne fut pas inquiétée et ne pouvait l'être sérieusement, la plupart des ponts jetés sur la Marne étant situés au fond du coude décrit par cette rivière entre Bry et Champigny, et par conséquent protégés à merveille par nos batteries de la rive droite de la rivière.

On ne saurait sérieusement contester que la responsabilité de cette triste et décevante issue du plus énergique effort du siège de Paris ne retombe pas sur le commandement. Non seulement le général d'Exéa fut coupable d'inexécution des ordres reçus et d'hésitations devant l'ennemi vraiment inouïes et inqualifiables, mais les généraux Ducrot et Trochu méritent

7

le reproche de n'avoir pas su tenir la main à l'exécution du plan concerté. La présence de l'un d'eux à l'aile gauche, au cours de la matinée, aurait pu tout changer. On ne les y vit point. Ils laissèrent livré à lui-même un chef dont l'incapacité leur était cependant bien connue. — Par une singulière bizarrerie du sort, de toutes les fautes commises durant le grand siège, la plus grande peut-être et la plus fatale a eu le privilège d'échapper aux sévérités de l'opinion publique. Nul n'a demandé compte au général d'Exéa de sa faute; nul n'a demandé compte au général Trochu et au général Ducrot du choix d'un tel homme pour le rôle décisif dans la sortie du 30 novembre. Le général Ducrot lui-même, si dur, si violent, si injuste contre les meilleurs et les plus patriotes parmi les défenseurs de Paris, n'a pas trouvé dans son livre, si abondant en jugements cruels, un mot de blâme contre ce général bonapartiste dont chaque ligne de sa relation met si crûment en lumière la déplorable impéritie!

C'est une opinion aujourd'hui fort répandue que la qualité inférieure des troupes de l'armée de Paris rendait impossible le succès de la grande sortie du 30 novembre. Ces troupes valaient mieux qu'on ne le dit; elles l'ont prouvé sur le champ de bataille. La disproportion numérique entre les Allemands et les combattants français de Champigny était plus apparente que réelle. Les quinze à dix-huit mille Wurtembergeois et Saxons engagés au début n'ayant à défendre qu'un front de 3 kilomètres, fortement et habilement retranché, n'eurent affaire qu'à des têtes de colonnes à peine numériquement égales. Nos masses, empêchées de se déployer par l'étroitesse du champ de bataille, ne purent pas user de l'avantage du nombre. Nos régiments de marche et nos mobiles ne valaient assurément pas les troupes aguerries de l'assiégeant; leur valeur cependant était incomparablement supérieure à ce qu'elle était aux débuts du siège, et parmi les bataillons

engagés à Villiers et à Champigny, beaucoup déployèrent
des qualités militaires de premier ordre. Ce n'est pas à leur
défaut de bravoure et de solidité qu'incombe le résultat négatif
de leurs efforts.

On a émis aussi bien des doutes quant aux résultats
ultérieurs de la sortie de l'armée du général Ducrot, dans
l'hypothèse même où le gain rapide de la bataille projetée
pour le 29 novembre aurait permis à cette armée de traverser
les lignes ennemies et de manœuvrer librement sur les
plateaux de la Brie. On a dit qu'elle était fatalement condamnée
à se voir assaillie par les forces prépondérantes que l'armée
allemande d'investissement aurait lancées à sa poursuite;
qu'elle risquait de mourir de misère dans un pays épuisé par
les réquisitions des troupes allemandes; qu'elle n'aurait point
d'ailleurs rencontré l'armée de la Loire au rendez-vous de la
forêt de Fontainebleau, et que, par conséquent, privée de
moyens de ravitaillement, perdue dans une région occupée
par l'ennemi, elle devait succomber tristement, sans autre
résultat que le sacrifice stérile de l'élite des défenseurs de
Paris. Nous ne partageons pas cette manière de voir. Sans
nous dissimuler les difficultés qu'aurait rencontrées l'armée
après sa traversée victorieuse des lignes allemandes, nous
sommes persuadé qu'elle aurait fait courir à l'ennemi autant
de périls qu'elle en courait elle-même. Les talents militaires
et l'énergie du chef auraient été sans contredit l'un des
éléments les plus essentiels de réussite; mais il y a de
sérieuses raisons de penser que le général Ducrot n'aurait
manqué ni d'habileté ni de vigueur. Il est certain — et c'est à
notre avis la considération peut-être la plus décisive — que
le moral de l'armée aurait acquis par le succès dans l'opération
capitale de la rupture des lignes un très haut degré de force
et de valeur. La résolution des troupes, leur entrain, leur foi
dans leurs chefs, leur confiance dans l'avenir auraient grandi

dans des proportions extraordinaires. Il faut ignorer les ressorts de l'âme française pour ne pas comprendre qu'après avoir passé victorieuse sur le ventre de l'investisseur, cette armée aurait militairement valu dix fois ce qu'elle valait la veille du combat. Aurait-elle eu à redouter autant qu'on l'a dit la poursuite d'un ennemi en forces prépondérantes ? Nous ne le pensons pas. La lenteur avec laquelle les Prussiens, avertis dès le 29 novembre au matin, renforcèrent leurs troupes d'investissement sur le secteur entre Marne et Seine, et le nombre relativement si faible des bataillons qu'ils purent déplacer, montrent suffisamment qu'il leur eût été impossible de jeter de suite des forces considérables sur les traces de l'armée du général Ducrot. Le général Trochu conservait d'ailleurs dans Paris des troupes organisées assez nombreuses et parvenues à un suffisant degré d'instruction pour rendre périlleux aux Allemands un affaiblissement trop prononcé des lignes de blocus.

Le plus vraisemblable, c'est que si le général Ducrot avait campé, le 29 au soir, sur les plateaux au delà de Villiers, ou si même l'entrée en ligne du 3e corps, conformément aux ordres reçus, avait fait tomber, le 30 novembre, vers midi, Villiers aux mains des Français, l'armée parisienne aurait gagné sans encombre une étape d'avance, et qu'elle aurait été déjà entre Coulommiers et Rozoy quand les troupes allemandes désignées pour la poursuite auraient quitté leurs cantonnements autour de Paris. Le général Ducrot avait, en effet, résolu de se porter à marches forcées dans la direction de Provins, pour de là, si l'armée de la Loire n'était point à Fontainebleau, passer la Seine à Nogent ou à Bray et se diriger, suivant les circonstances, vers le Nivernais ou vers la Bourgogne. L'armée, isolée de Paris et encore sans communications avec les arsenaux français de province, aurait sans doute été tenue de ménager ses munitions, mais elle emportait avec elle de quoi livrer plusieurs combats, et quant aux vivres, elle aurait certainement trouvé de quoi se suffire dans ces riches campagnes de la Brie qui n'étaient pas épuisées au point de ne pouvoir nourrir à la rigueur une armée les traversant à marches rapides. Il est extrêmement probable, du reste, que dans le parcours des routes du plateau de la Brie, toutes sillonnées de convois allemands destinés à l'armée d'investissement au sud de Paris, les nôtres auraient fait plus d'une capture précieuse. L'ennemi sans doute aurait tenté d'arrêter de front la marche de l'armée du général Ducrot au moyen des troupes que le prince Frédéric-Charles avait laissées sur sa ligne d'étapes durant sa marche vers la Loire; mais il y aurait eu certainement équivalence de dangers pour ces troupes, constituant à peine un corps d'armée, et nullement concentrées comme l'auraient été les cent mille hommes du général Ducrot. Les chances même auraient été en faveur de ce dernier, qui aurait vraisemblablement combattu dans des proportions d'énorme supériorité numérique, et fait essuyer peut-être de sanglants échecs aux troupes prussiennes aventurées sur son chemin.

D'un autre côté, il est évident que la marche de cette armée coupant toutes les lignes de communication des forces allemandes d'outre-Seine, interceptant leurs convois, enlevant leurs postes d'étapes, aurait jeté un trouble grave dans les opérations de l'armée opposée à notre armée de la Loire. On peut affirmer que si le prince Frédéric-Charles avait été avisé, le 1er décembre, d'une marche victorieuse du général Ducrot par les plateaux de la Brie, le prince n'aurait pas opéré contre les lignes d'Orléans l'attaque à fond qui détermina quelques jours plus tard la dislocation de l'armée de la Loire en deux fractions dont l'une se rejeta en désordre vers Bourges, tandis que l'autre, sous le général Chanzy, battait lentement en retraite vers Vendôme et le Mans. Une chose est incontestable, c'est que l'entrée en jeu de l'armée parisienne manœuvrant en rase campagne aurait profondément modifié, au profit des Français, les conditions de l'échiquier militaire. C'était tout au moins une ouverture à l'inconnu, à la chance heureuse, c'est-à-dire le salut possible. L'insuccès de l'effort tenté, insuccès qui n'a nullement tenu à des causes nécessaires, mais bien à des fautes coupables, ne prouve donc rien ni contre la justesse du plan adopté, ni contre la possibilité du passage de vive force à travers les lignes ennemies, ni contre les résultats ultérieurs de ce passage victorieux. Les conséquences que certains écrivains en ont voulu tirer à cet égard sont pour nous inadmissibles et ne nous semblent pas de nature à supporter une critique rigoureuse.

Le lecteur qui a bien voulu prêter son attention aux considérations que nous venons de développer, saisit dès à présent les données essentielles du problème de la défense du nouveau secteur du camp parisien entre Marne et Seine, tel qu'il s'est posé après nos désastres, dès qu'on a pu songer à la réfection de nos moyens défensifs. Le but à atteindre apparaît clairement. L'expérience de 1870 ne laisse place à aucune hésitation. On peut formuler cet objectif en deux mots : couronner et occuper fortement les crêtes du plateau de la Brie qui surplombent la Marne et la plaine de Créteil. Le résultat qu'il fallait réaliser, c'est qu'une armée parisienne, placée dans une situation analogue à celle de l'armée qui combattit à Champigny, n'eût plus désormais un coup de canon à tirer pour s'élever sur le plateau, qu'elle pût se concentrer à loisir dans la vallée de la Marne ou dans la plaine entre Marne et Seine, hors des vues de l'ennemi, et qu'elle fût enfin maîtresse de déboucher à son heure de ces mêmes hauteurs que tenait l'armée de blocus de 1870, en choisissant son point d'attaque sur l'immense arc de cercle compris entre les abords de Lagny-sur-Marne et ceux de Villeneuve-Saint-

Georges. Les auteurs du nouveau plan de fortification ne se sont mépris — croyons-nous — ni sur le but ni sur les moyens de l'atteindre. C'est peut-être, de toute l'œuvre nouvelle, la seule partie qui n'ait point soulevé de critiques.

Le fort de Chelles, dont nous avons indiqué le rôle dans la défense du secteur nord, n'a pas une moindre importance comme point d'appui du flanc gauche du secteur est. Le canon de Chelles commandant tout le cours de la Marne jusqu'à Lagny, rend impraticable l'établissement d'un pont permanent sur la rivière, en aval de cette ville. La ligne de blocus qui en 1870-71, s'appuyait à Gournay et à Chelles même, serait donc nécessairement reportée à plus de 8 kilomètres en arrière. Grâce au seul fort de Chelles, une armée parisienne dans une situation semblable à celle de novembre 1870, pourrait aborder les plateaux sur un front de près de 12 kilomètres, entre Champigny et Noisiel-sur-Marne. Cet avantage, il est vrai, quoique considérable, ne suffirait pas si l'ennemi demeurait libre de s'établir sur les crêtes et de tenir sous ses vues la vallée de la Marne, la presqu'île de Saint-Maur et la plaine de Créteil jusqu'aux bords de la Seine.

Toute une série d'ouvrages fortifiés interdira désormais l'occupation par une armée de blocus du rebord septentrional du plateau de la Brie. Le plus important de ces ouvrages est celui qui couronne la belle position de Villeneuve-Saint-Georges, au-dessus du confluent de l'Yères et de la Seine. C'est là que le plus haut gradin de l'amphithéâtre parisien du sud-est vient aboutir à la Seine. Le plateau, rayé d'un profond sillon par la vallée de l'Yères, se rétrécit, s'amincit vers cet angle et se termine par un véritable promontoire dont le pied baigne dans le fleuve et qui porte sur son flanc les maisons étagées de la petite ville de Villeneuve-Saint-Georges. Le fort est bâti immédiatement au-dessus de la ville, au point culminant du plateau terminal. Cette position de Villeneuve-Saint-Georges est sans contredit la plus remarquable qu'offre le secteur entre Marne et Seine. Extrêmement forte contre un ennemi qui déboucherait de Paris, elle n'est pas moins avantageuse, grâce au fossé de l'Yères, contre une attaque partie du sud. Le pont de Villeneuve est un des passages importants de la Seine; c'était le plus direct des points de communication entre le quartier général prussien de Versailles et les lignes d'étapes dans la direction de l'Allemagne. C'est de plus un point notable de croisement de routes. Le fort de Villeneuve-Saint-Georges commande donc à la fois la vallée de la Seine et le débouché de celle d'Yères, en même temps que par sa situation au-dessus des crêtes il devient pour une armée agissant de Paris vers le sud-est la clé par excellence du plateau de la Brie. De Ville-neuve aux abords de Paris, le cours de la Seine est sous le canon du fort. Le passage du fleuve que certains corps allemands effectuèrent à Choisy-le-Roi et en face de Valenton serait désormais absolument impossible, en supposant même l'ennemi descendu dans la plaine de Créteil. Au sud, le fort commande encore le cours de la Seine jusqu'à près de 2 kilomètres en amont de Juvisy, où une légère inflexion dérobe le fleuve aux vues des batteries du front méridional de l'ouvrage. De Villeneuve à ce point il y a près de 8 kilomètres, et sur tout cet espace encore l'établissement d'un pont permanent sur la Seine est interdit à l'ennemi aussi longtemps que le fort reste au pouvoir de la défense. Il résulte de ce seul fait, que le passage de la Seine par une armée d'invasion débouchant de l'est dans le but d'investir le front sud de Paris ne pourrait être effectué désormais qu'à une distance au moins de 20 kilomètres des remparts de la capitale, c'est-à-dire à plus de 12 kilomètres en amont de Choisy-le-Roi, point de passage du Ve corps allemand le 18 septembre 1870.

Il faut gravir la colline de Villeneuve-Saint-Georges pour avoir une idée suffisamment exacte de l'importance que le fort tire de son admirable position. La portée de vue est immense. Au nord, le regard plane au-dessus de la plaine de Créteil, de la presqu'île Saint-Maur, du plateau même et de la forêt de Vincennes; l'œil découvre Paris, ses monuments, ses défenses rapprochées; le fort de Nogent se profile nettement sur l'horizon. A l'ouest, la plaine entre la Seine et la Bièvre se développe et s'étale jusqu'à la ligne de crêtes, noires de bois, qui court de Fontenay-aux-Roses jusqu'à Palaiseau. Au nord-est et à l'est les vues sont plus bornées. L'éperon terminal des hauteurs de la rive gauche de l'Yères arrête le regard. Les constructions du village de Montgeron couvrent cet éperon. C'est là que la grande route de Paris à Lyon, quittant les bords immédiats de la Seine, escalade les pentes occidentales du plateau de la Brie, pour gagner Melun en coupant longitu-dinalement la forêt de Sénart. Montgeron serait un débouché précieux sur les hautes plaines entre l'Yères et la Seine. Ce point n'a pas été occupé par des ouvrages permanents, mais sa proximité du fort de Villeneuve-Saint-Georges — moins de 2 kilomètres à vol d'oiseau — permettrait d'organiser défen-sivement le village, et de l'occuper fortement sous la protection des batteries du fort qui commandent de plus de 20 mètres les abords de Montgeron jusqu'à la lisière de la forêt de Sénart. Vers l'est, c'est-à-dire sur les plaines hautes de la Brie, le fort n'a pas un commandement comparable à celui qu'il exerce sur les bords de la Seine. Il n'est cependant dominé par aucune position, et ses vues seraient extrêmement étendues si les bois qui couvrent toute cette partie du plateau ne bornaient le champ visuel. Le fort principal sera d'ailleurs soutenu, à 1,500 mètres en avant, par la Batterie fermée et casematée de Château-Gaillard, qui commande plus spécia-lement la vallée de l'Yères.

Bien que la possession de Villeneuve-Saint-Georges assure aux défenseurs de Paris les moyens de s'élever sur les

plateaux de la Brie et de menacer le flanc des troupes d'investissement qui occuperaient sur le versant nord du plateau,
depuis Chennevières et Champigny jusqu'à Noisy-le-Grand
et Gournay, les anciennes positions des Wurtembergeois et
des Saxons, le résultat cherché — la possession assurée des
crêtes — ne serait pas atteint si la défense s'était bornée à ce
seul ouvrage. La loi de 1874 avait prévu, outre le fort de
Villeneuve-Saint-Georges, une « tête de pont sur la Marne. »
Le législateur avait sans nul doute entendu, par cette
expression, appliquée d'ordinaire à de simples travaux de
campagne couvrant de très près le débouché d'un pont, que
les ingénieurs du nouveau système de défense auraient
l'obligation de pourvoir aux moyens, non seulement de
franchir à volonté la Marne, mais aussi de déboucher librement
sur le plateau. C'est ainsi qu'on a compris le texte légal, et
cette interprétation large nous paraît parfaitement légitime.

Quoi qu'il en soit à cet égard, la tête de pont sur la Marne
se composera d'une série de forts ou de Batteries fermées et
casematées, couronnant les crêtes à Limeil, à Sucy-en-Brie,
au haut Champigny, à Villiers et à Noisy-le-Grand. Les
batteries de Limeil et de Sucy croiseront leurs feux avec le
fort de Villeneuve-Saint-Georges et assureront à la défense le
débouché sur la route de Troyes; les forts de Champigny et
de Villiers garantiront la possession du plateau, arrosé de tant
de sang le 30 novembre et le 2 décembre 1870, et permettront
le déploiement aisé d'une armée de sortie pour la marche en
avant par les routes de Coulommiers et de Provins. Le
fort de Villiers croisera ses feux sur le plateau avec la
Batterie de Noisy-le-Grand, qui sera soutenue elle-même par
le fort de Chelles, et rendra extrêmement difficile un
établissement solide de l'assiégeant entre Noisiel et Noisy-
le-Grand. Ce qui n'est pas contestable, c'est que ces ouvrages
interdiront absolument à l'ennemi la descente dans la vallée

de la Marne depuis Gournay jusqu'à Champigny, l'entrée de la presqu'île de Saint-Maur, où d'ailleurs il ne s'aventura pas en 1870-71, et l'accès enfin de la plaine de Créteil, où il s'était si fortement établi. Au point de vue de la défense offensive, il est certain, d'autre part, que l'armée parisienne d'opérations, protégée par la ligne des batteries permanentes et des redoutes intermédiaires dont l'emplacement est dès à présent choisi, pourra s'élever en sécurité sur les pentes de l'amphithéâtre, gagner les plaines hautes de la Brie, s'y déployer et marcher sans obstacles contre les lignes d'investissement.

Une autre conséquence mathématiquement certaine — et ce n'est pas la moins importante, — c'est que la ligne d'investissement du secteur sud-est entre Marne et Seine aura, au minimum, en comptant de Lagny sur la Marne au point situé entre Draveil et Viry, près de Juvisy, sur la Seine — les deux points les plus rapprochés des forts où puissent être jetés des ponts permanents, — un développement de plus de 30 kilomètres en ligne directe, de 40 environ, si l'ennemi s'attachait comme en 1870-71 à border l'arc formé par les crêtes du plateau au-dessus des vallées de la Marne et de la Seine.

La possession de ces crêtes et les avantages tactiques qu'elle comportait en faveur des assiégeants, permirent alors aux Allemands de n'employer que vingt-huit bataillons à la garde permanente de ce secteur. Son développement à peu près doublé et l'occupation des crêtes garantie à la défense par la nouvelle fortification interdiraient désormais à un assiégeant d'obtenir entre Marne et Seine une solidité comparable dans la ligne de circonvallation, à moins d'y employer trois corps d'armée.

Chacun de ces corps aurait à garder un front de plus de 12 kilomètres, ce qui constituerait encore une ligne de bataille exceptionnellement mince, car un corps d'armée de vingt-cinq bataillons ne saurait couvrir efficacement, en rase campagne, un développement de plus de 8 kilomètres, en le supposant même déployé sans deuxième ligne et sans réserves. Si nous admettons que trois corps d'armée et même, à l'extrême rigueur, deux et demi (cinq divisions) suffiraient, c'est que la nature du terrain, sa configuration, ses couverts et les nombreux défilés qu'on y rencontre, favorisent singulièrement la défensive. Le plateau de la Brie, dans la partie que nous envisageons, c'est-à-dire dans le triangle compris Corbeil, Chennevières, Champigny et Lagny, est aussi boisé, aussi coupé de forêts, de parcs, de bois, de bosquets faciles à organiser défensivement, que la grande plaine au nord-est de Paris est nue, plate et libre d'obstacles naturels. Les ravins profonds n'y sont pas rares; les domaines murés, les châteaux, les grosses fermes, les villages y abondent; les grands chemins passent souvent sous forêt, et les espaces découverts, surtout dans l'espace compris entre la plaine de Créteil et les abords de Brie-Comte-Robert d'une part, le haut Champigny et Tournan, Villiers et Crécy, de l'autre, ne forment guère que des clairières entre les bois.

Toutefois, pour y être moins aisée qu'en avant du secteur nord, l'offensive d'une armée parisienne débouchant à son choix, le long des routes de Meaux, de Coulommiers, de Provins ou de Melun, ne rencontrerait que des difficultés incomparablement inférieures à celles contre lesquelles se brisa l'élan de l'armée de Paris au 30 novembre 1870. Encore risquerait-on, en se bornant à une comparaison purement littérale entre des conditions de lutte ramenées théoriquement à l'identité, de méconnaître la valeur extrêmement précieuse, à notre avis, des dispositions prises pour assurer à la défense la possession des débouchés sur le plateau de la Brie, entre Lagny et Juvisy. Ce même terrain coupé, couvert, boisé à profusion, fournirait à une armée française de campagne, forcée de se replier momentanément sur Paris, des positions en avant de la grande « Tête de pont sur la Marne », extrêmement avantageuses et si menaçantes pour les flancs et les communications de l'ennemi, qu'il ne saurait, avant de l'en avoir délogée, songer seulement à tenter le passage au delà de la Seine. On peut citer comme exemple la ligne de Villeneuve-Saint-Georges à Pontault et La Queue-en-Brie, inexpugnablement appuyée sur sa droite au fort de Villeneuve et à la Batterie de Château-Gaillard, couverte sur son front par l'Yères d'abord, puis par le ruisseau du Réveillon, jalonnée par la lisière sud des bois de Montgriffon, de la Grange, du parc de Grosbois et de la forêt Notre-Dame, s'appuyant à gauche au ravin du Morbras, protégée d'ailleurs sur ce flanc par les Batteries de Sucy-en-Brie et du haut Champigny. Cent mille hommes qui n'auraient par conséquent à redouter aucun mouvement tournant, y braveraient sans peine, retranchés à la lisière des bois, l'attaque de forces doubles, et ne trouveraient devant eux, à la reprise de l'offensive, que la belle plaine découverte de Brie-Comte-Robert.

L'auteur allemand de l'étude insérée dans les *Jahrbücher für die Deutsche Armee und Marine,* déjà citée plus haut, convient, quoiqu'il soit fort incomplètement renseigné et qu'il ignore entre autres les ouvrages qui couronnent les crêtes de Sucy-en-Brie et du haut Champigny, que toute tentative sur Paris opérée entre Marne et Seine serait absolument infructueuse, soit qu'on essayât une attaque de vive force, soit qu'on se résignât à procéder par des travaux réguliers de cheminement. Les obstacles naturels et artificiels que l'assaillant rencontrerait lui paraissent tellement insurmontables, qu'il ne croit pas plus possible de bombarder Paris de ce côté que de faire brèche à ses remparts. Cette opinion était

fondée dès 1870, quand le secteur sud-est n'avait d'autres
défenses que celles de 1840. Les Prussiens l'ont bien prouvé
en s'abstenant de toute offensive de ce côté. A plus forte raison
l'est-elle à présent. Il n'en faut pas moins reconnaître que les
forts ou Batteries projetés ou en construction, de Noisy-le-
Grand, de Villiers, de Champigny et de Sucy-en-Brie, et que
le fort de Villeneuve-Saint-Georges lui-même, ne présentent
pas des garanties de résistance contre une attaque en règle
comparables à celles qu'offrent le groupe de Montmorency, le
fort d'Écouen, ceux de Cormeilles et de Vaujours. Un
assiégeant solidement installé sur le plateau n'éprouverait
pas de difficultés exceptionnelles à pousser régulièrement ses
approches contre chacun de ces ouvrages. Il les investirait
sans doute malaisément en raison de leur situation sur le
rebord de la crête, pour peu, bien entendu, que Paris possédât
des troupes capables d'agir en rase campagne; mais les
pionniers pourraient venir, à peu près de plain-pied, jusqu'au
glacis du front sud des ouvrages, et le temps de leur chute
serait, comme pour toute place accessible en plaine, une
question d'ingénieurs. Le fort de Villeneuve et ses annexes de
Limeil et Château-Gaillard auraient sans contredit une grande
force de résistance. Le fort, protégé de trois côtés par sa
position à la pointe du promontoire qui surplombe le confluent
du vallon de l'Yères et de la vallée de la Seine, n'offre qu'un
seul front accessible à des travaux réguliers d'approche. C'est
un grand avantage; encore ce front ne pourrait-il être
sérieusement abordé qu'après la prise de la Batterie de
Château-Gaillard. Mais le bois de Montgriffon permettrait à
l'assiégeant, maître du plateau, d'ouvrir une première
parallèle à couvert des vues du fort — il n'y a pas plus de
1,200 mètres du glacis à la lisière du bois — et de pousser
ensuite vivement les travaux d'approche. La résistance
pourrait être longue, mais la chute du fort, dans un délai plus

ou moins prolongé, ne serait pas moins probable. Quelle serait la durée possible de cette résistance? On peut malaisément le conjecturer, tant la question est complexe. Toutefois, il convient de se souvenir qu'en 1870 les Prussiens, après des succès inouïs, c'est-à-dire dans des conditions démesurément favorables, ne réussirent à amener de l'artillerie de siège et à la mettre en batterie devant Paris qu'à la fin du troisième mois du blocus, et que six semaines plus tard, les vieux forts de 1840 les plus maltraités étaient encore en mesure de fournir un mois ou six semaines de résistance victorieuse. De ces précédents, on peut, sans témérité, conclure que des ouvrages tels que le fort de Villeneuve-Saint-Georges qui ont bénéficié de tous les progrès du génie militaire contemporain, braveraient, à la condition d'être défendus par des chefs et des soldats intrépides, durant de longs mois tous les efforts de l'assaillant.

Toutefois, — et nous ne saurions trop insister sur ce principe, — ce n'est pas au point de vue de la défense passive qu'il convient de se placer pour apprécier la valeur réelle de la nouvelle fortification parisienne.

La transformation des défenses du secteur entre Marne et Seine assure des résultats qui sont, dans une large mesure, indépendants de la capacité de résistance du fort de Villeneuve-Saint-Georges et de la Tête de pont sur la Marne, contre une attaque régulière prolongée. Le plus décisif de ces résultats, c'est de rendre désormais singulièrement précaire et périlleuse pour une armée d'invasion l'entreprise du passage de la Seine en amont de Paris et l'occupation d'une ligne de blocus au sud de la capitale. Le couronnement du plateau de la Brie défend la rive gauche de la Seine plus efficacement que ne le pourraient faire des fortifications accumulées sur cette rive même. Passer la Seine, en présence d'une armée française cantonnée sous la protection des batteries et des forts

échelonnés entre Villeneuve-Saint-Georges et Noisy-le-Grand
serait, même pour un ennemi numériquement très supérieur,
une aventure fort risquée, grosse même de catastrophes. Nous
nous bornerons à signaler au lecteur, sans y insister dans
ce chapitre, les conséquences qu'entraînerait nécessairement
l'irruption victorieuse sur Corbeil et Melun d'une armée
parisienne rompant les ponts et coupant les communications
derrière les corps ennemis qui se seraient hasardés au delà du
fleuve. Cette manœuvre, difficile en 1870, quand l'ennemi
bordait les crêtes et dominait les pentes de l'amphithéâtre
au-dessus de la plaine de Créteil et de la vallée de la Marne,
serait maintenant d'un succès assuré. Des forces relativement
peu considérables y suffiraient. Aussi, nous semble-t-il hors
de doute que la seule présence sur le plateau de la Brie
d'une armée capable de tenir la campagne, ou simplement
l'imminence de sa brusque apparition, auraient pour effet (à
moins, bien entendu, d'une supériorité numérique démesurée)
de retenir indéfiniment l'envahisseur dans l'angle entre Seine
et Marne et de lui interdire de compléter au sud de Paris et
de Versailles le cercle d'investissement de la capitale.

# CHAPITRE VIII

Les clés de Paris sont sur les hauteurs de la rive gauche de la Seine. — Fortification de 1840. — Les forts détachés d'Ivry, de Bicêtre, de Montrouge, de Vanves et d'Issy; leur faiblesse. — L'investissement en 1870. — Combat de Châtillon. — Paris a-t-il réellement été en danger le 19 septembre? — Les lignes de blocus sur la rive gauche. — Importance du plateau de Châtillon. — Les sorties. — Combats de Chevilly, de Châtillon et de l'Hay. — Le bombardement et l'attaque des forts du sud. — Faible résultat obtenu par l'assaillant. — Le front entre Sèvres et Bougival. — Positions allemandes couvrant Versailles. — Combat de la Malmaison et bataille de Buzenval.

C'était, il y a dix ans, une opinion depuis longtemps classique en Allemagne dans les académies militaires, que les vraies clés de Paris devaient être cherchées de l'autre côté de la Seine, au sud de la capitale, sur les hauteurs de Meudon et de Châtillon. Blücher l'avait déjà démontré expérimentalement en 1815, lorsque, négligeant les travaux défensifs exécutés durant les cent jours sur le front nord, de Montmartre à Romainville et Nogent, il avait hardiment passé la Seine à Saint-Germain en dépit de la mauvaise humeur de Wellington, inquiet de cette stratégie téméraire, pour venir occuper en toute hâte les crêtes du plateau qui domine au sud le bassin parisien, depuis le vallon de Sèvres jusqu'au cours de la Bièvre. Cette importance des positions de la rive gauche de la Seine ne fut pas méconnue en 1840; ce fut même la principale préoccupation des auteurs du plan des fortifications de Paris. Ils se rendaient parfaitement compte du rôle éventuel de ces

8

hauteurs qui dominent Paris de si près, et qui, aux mains d'un ennemi venu du nord, isolent complètement la capitale des vastes régions de l'ouest, du centre et du midi de la France demeurées encore libres d'envahisseurs. Étant données les règles le plus généralement admises en 1840, on peut dire qu'aucun des fronts de Paris ne fut couvert avec plus de sollicitude que le front sud. L'enceinte bastionnée embrassa les premiers ressauts de terrain qui s'élèvent au sud de la Montagne-Sainte-Geneviève. Les hauteurs de la barrière d'Italie, de la Butte-aux-Cailles, de Montrouge, de Montparnasse, furent comprises à l'intérieur du corps de place. L'enceinte elle-même fut protégée par les cinq forts détachés d'Ivry, de Bicêtre, de Montrouge, de Vanves et d'Issy. Le développement de l'enceinte sur la rive gauche de la Seine ne dépassant pas 10 kilomètres, il y avait un fort détaché par 2 kilomètres de front. La distance de ces forts aux remparts était elle-même assez restreinte pour que le canon de l'enceinte bastionnée pût efficacement appuyer les forts. Celui d'Ivry était à 2,500 mètres; celui de Bicêtre à 1,600 mètres seulement; celui de Montrouge à peu près à même distance; ceux de Vanves et d'Issy à 2 kilomètres du rempart. L'espace entre les forts eux-mêmes variait de 2,000 à 2,500 mètres. Le croisement de leurs feux d'artillerie était donc parfait. Les deux forts d'Ivry et de Bicêtre étaient construits sur la croupe de hauteurs entre la Seine et la Bièvre, croupe qui s'abaisse aux abords immédiats de Paris, assez brusquement vers la rivière affluente, plus doucement vers la Seine, pour descendre graduellement au sud et s'aller confondre avec la belle plaine qui se déroule un peu au-dessus du niveau du fleuve, entre ses rives et la crête élevée qui court de Fontenay-aux-Roses jusqu'à Palaiseau. Ces deux forts n'étaient dominés ni l'un ni l'autre; ils fermaient, avec une efficacité satisfaisante, le secteur entre la Seine et la Bièvre, par lequel débouchent le chemin de fer

d'Orléans et les routes carrossables menant vers Fontainebleau, Pithiviers, Étampes, etc. Le fort d'Ivry commandait plus
spécialement les bords de la Seine; celui de Bicêtre manquait,
il est vrai, de vues étendues, la croupe sur laquelle il est bâti
se prolongeant directement au sud avec une altitude égale
sinon supérieure jusqu'au point dit des Hautes-Bruyères, à
1,500 mètres en avant des glacis du fort. Ces deux forts,
toutefois, à la condition d'être appuyés par de bons ouvrages
du moment construits aux Hautes-Bruyères, en avant de
Bicêtre, et sur les hauteurs à l'ouest de Vitry, en avant du
fort d'Ivry, pouvaient être aisément mis en mesure de tenir
longtemps contre une attaque en règle, fût-elle exécutée avec
des forces et des ressources considérables.

La situation était infiniment moins favorable sur le secteur
entre la Bièvre et la Seine d'aval. Là, une ligne de hauteurs
de plus en plus escarpées à mesure qu'on les suit de l'est à
l'ouest, dominait à très courte distance les forts et l'enceinte.
Ces hauteurs, dont l'aspect élégant et imposant à la fois
frappe le spectateur qui suit depuis la gare Montparnasse le
chemin de fer de Paris à Versailles, dressaient leurs crêtes à
4 kilomètres environ des remparts, à 2 kilomètres à peine
des forts de Vanves et d'Issy. Seul le fort de Montrouge était un
peu moins immédiatement commandé. Ces forts avaient été
construits sur un gradin de hauteurs plus élevé que l'Obser-
vatoire, le Panthéon et tous les hauts quartiers parisiens de
la rive gauche de la Seine; mais ils étaient eux-mêmes
inférieurs de près de 80 mètres aux crêtes qui se dressent
au-dessus de Fontenay et de Châtillon et à celles que
couronnent les bois de Clamart et de Meudon. De ces hauteurs
dominantes, la vue plonge à l'intérieur des forts; on distingue
à l'œil nu tous les détails, et il semble presque qu'on y
pourrait jeter à la main des projectiles. C'était, même avant
l'invention de l'artillerie rayée, une faute grave de laisser

ainsi sous le feu de batteries plongeant à moins de 2 kilomètres de distance, des ouvrages extérieurs destinés à couvrir
une portion éminemment vulnérable de l'enceinte de Paris.
On pouvait sans doute considérer en 1840 comme peu sérieux
sinon absolument impraticable un bombardement de Paris
par des batteries dressées au haut de Meudon, au-dessus de
Clamart, de Châtillon et de Fontenay, c'est-à-dire au moyen
de canons placés à 4 kilomètres de l'enceinte, à 8 des quais
de la Seine. Mais cette considération ne s'appliquait pas avec
le même degré de plausibilité au bombardement des forts et à
leur attaque en règle. La faute était d'autant plus grave, qu'en
abandonnant à l'assiégeant éventuel la possession de ces
crêtes, on lui octroyait des positions formidables barrant
immédiatement la route de Versailles à une armée parisienne
qui tenterait de sortir ou simplement de tendre la main à une
armée de secours venue d'Orléans, de Chartres ou de Dreux.
Les avertissements et les critiques ne firent cependant pas
défaut à cette partie étrangement défectueuse du plan de
défense de 1840. Le gouvernement et la Direction supérieure
du génie n'en tinrent pas compte. On a d'autant plus le droit
d'être surpris d'un tel défaut de perspicacité et d'un tel
manque de hardiesse, que l'occupation du plateau de Châtillon
et des hauteurs de Meudon n'aurait pas entraîné, au sud, le
reculement de la ligne des forts plus loin de l'enceinte que ne
l'avait fait, à l'est, l'adoption pour les forts extérieurs de la
ligne de Romainville à Nogent par Rosny.

Trente ans s'étaient écoulés depuis l'adoption de ce système ;
l'artillerie rayée était connue depuis plus de dix années, et
cependant l'administration impériale de 1870 attendit au
lendemain de nos premiers désastres pour s'apercevoir que le
front sud de Paris, depuis la Bièvre jusqu'au Bas-Meudon et
Sèvres, n'était pourvu que de défenses absolument insuffisantes
en présence des progrès de l'artillerie. On décida en août la

construction de redoutes et de batteries destinées à couronner la crête des collines; mais alors il était trop tard! Ces ouvrages n'étaient qu'ébauchés quand l'ennemi poussa ses avant-postes sous Paris. La principale de ces redoutes, celle de Châtillon, aurait encore exigé d'assez longs travaux, et son armement ne comprenait que sept pièces de position. Cette incurie du gouvernement impérial coûta cher à Paris; et si quelque chose doit surprendre, c'est que les Allemands aient si mal et si tardivement profité de la faiblesse extrême de ce secteur de la fortification parisienne.

C'est le 19 septembre 1870 que la III<sup>e</sup> armée prussienne aux ordres du prince royal acheva l'investissement de Paris en occupant Choisy-le-Roi, Sceaux et Versailles. La capitale, déjà séparée par l'ennemi des départements du Nord et de l'Est, se trouva définitivement isolée et coupée de toutes communications avec le Centre, l'Ouest et le Midi de la France. Le cercle de fer fut complet, et le blocus effectif dès le premier jour.

L'armée allemande, forte de trois corps d'armée, V<sup>e</sup> et VI<sup>e</sup> prussiens, et II<sup>e</sup> bavarois, avait franchi la Seine sur plusieurs points, tels que Choisy-le-Roi, Villeneuve-Saint-Georges et Juvisy. En défilant vers Versailles, elle prêtait nécessairement le flanc aux troupes de la garnison de Paris en position entre l'enceinte et les forts de la rive gauche. Le général Ducrot, qui venait d'arriver à Paris après s'être échappé des mains des Allemands, et que le général Trochu, gouverneur de Paris et président du gouvernement de la Défense nationale, honorait d'une amitié peut-être excessive; le général Ducrot, disons-nous, tenta de profiter de cette nécessité où étaient les Prussiens de défiler en longues colonnes sur les routes qui mènent des bords de la Seine à Versailles, pour se jeter dans leur flanc droit et chercher à culbuter leurs colonnes inévitablement décousues. La conception du général Ducrot était théoriquement juste et conforme aux bonnes règles, mais, en pratique, elle était plus que hasardeuse. Le général Ducrot ne disposait, en effet, que de troupes improvisées, sans cohésion, sans consistance, sans beaucoup de discipline et d'instruction militaire. Il ne les connaissait d'ailleurs aucunement, ayant eu à peine le temps de les entrevoir depuis son entrée à Paris. Le général Trochu, qui péchait, lui, par excès de méfiance — car il dépréciait ses troupes au point de redouter une attaque de vive force des Allemands contre les forts et l'enceinte, et de croire au succès possible d'une tentative que l'État-major prussien jugea toujours extravagante au point de ne pas même en admettre la pensée, — le général Trochu néanmoins avait eu l'incroyable faiblesse d'autoriser son ami à prendre l'offensive en rase campagne avec des troupes que lui, chef militaire du gouvernement, n'estimait seulement pas capables de tenir derrière des forts et des remparts! Le résultat fut ce qu'il devait être. Les Prussiens et les Bavarois, quoique attaqués à l'improviste sur le plateau de Châtillon, entre le Petit-Bicêtre et Villacoublay, n'eurent pas de peine à repousser nos jeunes soldats, bien que ceux-ci fissent, en somme, meilleure contenance qu'on n'aurait été en droit de l'espérer. Le régiment des zouaves de marche seul se débanda et s'enfuit honteusement. Il devait réparer plus tard, à la Malmaison et à Villiers, par d'héroïques et sanglants sacrifices, cette heure de défaillance. La retraite des autres troupes du 14e corps se fit avec moins de désordre, quoique avec trop de hâte et de précipitation. Certains chefs ne surent pas conserver leur sang-froid, et la redoute de Châtillon, que l'ennemi, très peu entreprenant contre des positions retranchées, n'aurait probablement pas attaquée de longtemps, lui fut abandonnée, le soir même, sans coup férir.

On a dit souvent que les Prussiens avaient perdu, ce

jour-là, une occasion merveilleuse de prendre Paris du premier coup. L'audace seule leur aurait fait défaut. Cette opinion ne soutient pas l'examen. Il est difficile de comprendre comment elle a pu être admise, à simple titre d'hypothèse, par des hommes au courant de l'état des fortifications de Paris le 19 septembre 1870. Autre chose est, pour une place régulièrement fortifiée, de soutenir longtemps un vrai siège, autre chose de défier un coup de main. Le front du sud de Paris était faible contre une attaque menée selon les règles de l'art, c'est-à-dire passant par toutes les phases successives : ouverture de la tranchée, tracé de parallèles de plus en plus rapprochées des glacis, mise en batteries de pièces de gros calibre, tir en brèche, etc., phases exigeant des semaines de travaux et de lentes approches; mais ce même front était parfaitement invulnérable pour un ennemi tenté de traiter la gigantesque forteresse comme on traite une ville ouverte. Pour que les trente mille Prussiens ou Bavarois qui culbutèrent les jeunes soldats du 14e corps sur le plateau de Châtillon eussent été en mesure d'entrer dans Paris à leur suite, il aurait fallu que les troupes du général Ducrot, vraiment affolées, se fussent enfuies, jetant leurs armes, entraînant les garnisons des forts, glaçant de terreur les réserves postées aux avancées et sur les bastions de l'enceinte, frappant de prostration la ville entière, la laissant portes ouvertes, canons en plan, remparts déserts, batteries muettes. Encore la plus indicible des déroutes n'aurait-elle pas eu un pareil effet, pour peu qu'une poignée de braves se fût trouvée qui fermât simplement les portes des forts et celles de l'enceinte.

Or, s'il est un fait certain, c'est que les bataillons du 14e corps ne donnèrent en aucune façon, le 19 septembre, un tel spectacle d'affolement et de honteuse démoralisation. A part la débandade des zouaves de marche, il n'y eut pas de désordre grave. Les trois divisions d'infanterie du corps d'armée se replièrent soit derrière la ligne des forts, soit dans l'intérieur de l'enceinte, sans panique ni débâcle. Quant aux garnisons des forts, non seulement elles ne songèrent pas à quitter leurs postes, mais elles n'eurent peut-être pas même la notion des causes qui amenaient l'abandon du plateau. Ces garnisons avaient pour noyau plusieurs centaines de canonniers et de fusiliers de la marine, dignes de tenir rang, chefs et soldats, parmi les plus braves et les plus solides troupes du monde. Ainsi gardés, les forts n'avaient rien à redouter. Ce n'est pas avec des pièces de campagne tirant à découvert que les Prussiens auraient pu réduire au silence les pièces de gros calibre en batterie derrière leurs parapets. Quant à une attaque brusquée de l'infanterie allemande, il suffit de réfléchir un instant à l'efficacité effroyable des armes à tir rapide, pour se convaincre qu'une troupe outrecuidante au point de tenter la traversée des glacis sans abris, la descente du fossé et l'escalade de l'escarpe sans avoir d'ailleurs de moyens matériels de l'opérer, pas même d'échelles, aurait, en face de nos marins sur les remparts des forts, couru follement au devant d'une destruction certaine. A plus forte raison, un échec sanglant eût-il été inévitable pour l'assaillant si passant sous le feu croisé des forts, la portion de cette infanterie, qui n'aurait pas été écharpée dans le trajet, s'était risquée à découvert sous le feu de l'artillerie des bastions du rempart de la ville et des trente mille chassepots qui étaient en mesure de border ce front de l'enceinte! Les conséquences de l'offensive inconsidérée du général Ducrot furent assez fâcheuses pour qu'on n'aille pas y ajouter la responsabilité d'avoir fait courir à Paris, dans cette circonstance, des périls imaginaires qui, en dehors du public ignorant des choses de la guerre, n'ont pu trouver créance que dans l'esprit ébranlé de quelques chefs militaires démoralisés.

Le résultat irréparable de la faute commise dans cette triste

journée fut la perte immédiate et définitive de toutes les
crêtes au sud de Paris, depuis Fontenay-aux-Roses jusqu'au
Haut-Meudon et à Bellevue. En les couronnant dès le début
du siège, les Allemands conquirent d'un seul coup et la
sécurité de leur quartier général de Versailles contre toute
sortie parisienne, et la possibilité d'ouvrir sur Paris et sur les
forts, dès l'arrivée du parc de siège, le feu de leurs pièces
de gros calibre dans des conditions tout exceptionnellement
favorables. L'investissement du secteur méridional de Paris
sera, toujours, en cas de siège, l'opération décisive dont
la réussite et la continuité doivent assurer à un moment
donné la chute finale de Paris; mais si l'occupation de cet arc
de la ligne de blocus est capitale pour l'assiégeant, c'est aussi
de toute sa tâche l'œuvre le plus éminemment délicate et
périlleuse. Il ne saurait y avoir pour lui sur ce front ni échec
indifférent ni défaite réparable. Toute sortie victorieuse de
l'armée parisienne menace de le rejeter vers l'intérieur de la
France, loin de ses lignes de communication et de ses moyens
de ravitaillement; toute approche d'une armée de secours lui
fait courir le risque de se trouver subitement pris entre Paris
et l'armée du dehors. De ce double péril, la perte du plateau
de Châtillon par la défense éliminait, en 1870, presque
absolument le premier !

C'est le IIᵉ corps bavarois qui fut chargé de garder les
positions si aisément conquises. La configuration des lieux
permit à l'ennemi de pousser des avant-postes très près des
forts. Les villages de Clamart, de Châtillon, de Bagneux, furent
occupés et organisés défensivement, de façon à opposer un
premier obstacle à l'offensive d'une armée parisienne, le
plateau même et ses pentes tournées vers Paris constituant
la vraie ligne de circonvallation. Le VIᵉ corps prussien
s'étendait, à droite des Bavarois, de Bourg-la-Reine à Choisy-
le-Roi, couvrant le secteur entre la Bièvre et la Seine. A

gauche, le V<sup>e</sup> corps prussien gardait le quartier général de Versailles, et, couronnant les hauteurs de Sèvres à Bougival, faisait face au Mont-Valérien, de façon à s'opposer à toute tentative de rupture des lignes tentée par une armée qui aurait débouché de la presqu'île de Gennevilliers. En arrière de ces troupes, les Allemands tinrent constamment de fortes réserves, le I<sup>er</sup> corps bavarois d'abord, puis après le départ de celui-ci pour Orléans avec la 22<sup>e</sup> division distraite du XI<sup>e</sup> corps, le II<sup>e</sup> corps prussien, la moitié restant du XI<sup>e</sup> corps, ainsi que la division de la landwehr de la Garde. Cette accumulation de forces sur un front resserré et abondant en positions formidables, démontre à la fois l'importance du blocus de Paris sur la rive gauche de la Seine et les difficultés inhérentes au succès définitif de cette opération.

Quoique gravement atteinte par les résultats de la journée du 19 septembre, la défense ne resta pas cependant longtemps inactive. Le général Trochu se remit assez promptement de l'impression que lui avait causée l'échec du général Ducrot, et c'est précisément sur le front sud qu'il tenta les premières opérations sérieuses contre les lignes d'investissement.

Il pouvait sembler, au premier abord, que le secteur qui est compris entre la Bièvre et la Seine offrirait à l'armée française un débouché facile dans la plaine que parcourent les routes et les voies ferrées de Paris vers Orléans et Fontainebleau. L'avantage d'une sortie vigoureusement poussée dans cette direction paraissait d'autant plus sérieux, que le succès aurait fait tomber naturellement aux mains des Français les ponts sur la Seine par où passaient les lignes de communication de l'ennemi. La réoccupation sans grands efforts par les troupes françaises des redoutes ébauchées au sud des forts d'Ivry et de Bicêtre, qui avaient été évacuées sous le coup de l'excessif émoi causé par l'échec du général Ducrot à Châtillon; le complément de ces ouvrages, et l'organisation

défensive des villages de Villejuif et de Vitry, effectuée dès la
fin de septembre, donnaient un excellent point de départ. Le
terrain, au sud du plateau de Villejuif, ne présentait aucune
position dominante dont l'ennemi pût profiter. Rien, par
conséquent, de semblable aux hauteurs escarpées qui, depuis
les bords de la Bièvre à Fontenay-aux-Roses jusqu'à Meudon
et Bellevue, constituaient une forteresse naturelle au profit de
l'investisseur. L'ennemi y suppléa par l'érection rapide sur ce
front d'ouvrages de campagne admirablement situés, et par
l'utilisation des constructions, des maisons, des murs et des
enclos, avec une parfaite entente de la fortification passagère.
Il tira un parti merveilleux des villages de Choisy-le-Roi, de
Thiais, de l'Hay et de Chevilly. En peu de jours, ces localités
furent assez bien retranchées pour rendre extrêmement
difficile leur enlèvement de front. Un corps de sortie ne
pouvait cependant songer à forcer la ligne d'investissement
sans s'emparer au moins des deux villages situés au milieu,
Chevilly et Thiais. Passer dans les intervalles, pour les
prendre à revers ou les faire tomber en les débordant, était à
peu près impossible; l'espace découvert entre les terrains
bâtis était peu étendu; les colonnes qui s'y seraient risquées
auraient été en butte au feu croisé partant des maisons et des
murs crénelés d'où l'infanterie ennemie pouvait tirer à couvert.
Ces difficultés toutefois n'empêchèrent pas le général Trochu
de diriger sur ce secteur plusieurs tentatives de sortie. Elles
coûtèrent malheureusement des pertes énormes, hors de proportion avec les résultats purement moraux qu'on en put retirer.

Le 30 septembre 1870, le général Vinoy dirigea une attaque
énergique sur les villages de l'Hay et de Chevilly. Les 35ᵉ et
42ᵉ de ligne, les deux seuls régiments réguliers de la garnison
de Paris, s'y couvrirent de gloire. Chevilly fut presque
entièrement enlevé après une lutte acharnée; mais l'arrivée
de nombreux renforts prussiens ne permit pas de compléter

ce commencement de succès. Nous avions perdu deux mille
hommes tués ou blessés, tandis que l'ennemi n'en avait pas
perdu quatre cents  A cette tentative succédèrent, deux mois
plus tard, comme diversion à l'appui des opérations du
général Ducrot sur la Marne, deux énergiques attaques, le
29 et le 30 novembre, contre l'Hay, Thiais et Choisy-le-Roi.
Nos troupes subirent de même des pertes cruelles, infiniment
supérieures à celles de l'ennemi. Ces résultats négatifs des
efforts tentés contre la ligne d'investissement entre Bièvre et
Seine et les sacrifices demesurés qu'ils coûtèrent provoquent
une légitime surprise. Il est permis de penser que l'issue
aurait été différente — particulièrement en ce qui touche la
sortie du 30 septembre — si l'assaut de notre jeune infanterie
contre les villages retranchés avait été mieux conduit et
surtout mieux préparé par le jeu de l'artillerie.

La force des positions abandonnées aux Allemands le
19 septembre, de Fontenay à Meudon, était si incontestable,
que le général Trochu ne songea jamais sérieusement à la
reprise du plateau de Châtillon. Un très vif combat qui fit
honneur à nos jeunes troupes fut cependant livré sur ce
secteur. Le général gouverneur de Paris, soupçonnant
l'ennemi d'avoir dégarni les lignes d'investissement pour faire
face aux premiers contingents français réunis sur la Loire,
avait ordonné pour le 13 octobre une forte reconnaissance
offensive vers le plateau de Châtillon. Elle fut exécutée par
des colonnes combinées de régiments de marche et de gardes
mobiles, et conduite avec vigueur et habileté. Le village de
Bagneux fut enlevé, et celui de Châtillon occupé aux trois
quarts après une lutte très chaude. Le grand déploiement de
troupes et de canons opéré par les Allemands en vue d'arrêter
nos succès, ayant surabondamment démontré que les lignes
d'investissement étaient toujours garnies de forces considérables, nos colonnes évacuèrent en bon ordre les positions

PARIS ET SES FORTIFICATIONS.      125

conquises. Le but de la reconnaissance était atteint. Nos
pertes, grâce sans doute à de meilleures dispositions
tactiques, étaient relativement faibles et à peine supérieures
à celles de l'ennemi.

A partir du 1er décembre jusqu'au jour de la capitulation, le
front sud ne fut témoin d'aucune offensive des nôtres, sauf
un hardi coup de main exécuté au mois de janvier par un
détachement de marins contre la batterie prussienne du
Moulin de pierre, entre Clamart et le fort d'Issy.

Il est vrai que si la défense se montra peu active et
rarement entreprenante, l'attaque, sur ce front si exceptionnellement avantageux à l'ennemi, fut encore plus molle,
lente et tardive. L'assiégeant, qui avait su se couvrir si vite
et si bien contre les entreprises de l'assiégé, montra fort peu
d'initiative au point de vue de l'attaque. On peut dire qu'il
monta passivement la garde, deux mois et demi durant, en
face des forts de Montrouge, de Vanves et d'Issy, qu'il
dominait de si près depuis le 19 septembre. Il n'essaya pas de
s'en rapprocher davantage, encore moins de passer entre eux
et de les isoler du corps de place. Ces lenteurs, qui causèrent
tant et de si violents accès d'humeur à M. de Bismarck,
eurent pour cause principale la difficulté d'amener sous Paris
l'artillerie de siège et le parc de munitions nécessaires au
bombardement et à l'attaque en règle. M. de Moltke s'opposa
à toute offensive prématurée. Quelque sérieuse que fût pour
les Prussiens la difficulté de réunir de suffisants moyens
matériels d'action, il y a cependant tout lieu de croire que
leur État-major n'y aurait pas dépensé tant de semaines, si
la persuasion, générale au début, que Paris ne tiendrait pas
contre un mois de blocus, n'avait induit en illusion les chefs
des armées allemandes. Ils ne se hâtèrent pas d'amener du
gros canon, parce qu'ils n'apprécièrent que tard les facultés
de résistance de la grande ville assiégée.

C'est à la fin de décembre seulement que les batteries de bombardement furent terminées et armées, et ce n'est que le 5 janvier qu'elles furent démasquées. Elles avaient été disposées avec une grande entente de l'art d'utiliser le terrain. A l'extrême gauche des attaques, une batterie de six pièces, dressée au pavillon de Breteuil, sur les hauteurs du parc de Saint-Cloud, à proximité de Sèvres, tirait par-dessus la Seine sur les bastions du Point-du-Jour et, en obliquant à droite, sur le fort d'Issy. Une puissante batterie de vingt quatre pièces de gros calibre occupait la terrasse de Meudon. Elle plongeait à moins de 3,000 mètres sur le fort d'Issy, et pouvait atteindre au delà du fort l'enceinte bastionnée et les quartiers de Paris situés entre le Champ-de-Mars, les Invalides et les remparts. Trois batteries au-dessus de Clamart, trois autres au-dessus de Châtillon, dominaient les forts d'Issy et de Vanves, ce dernier de très près, c'est-à-dire à moins de 2 kilomètres; ces batteries pouvaient en outre, mieux encore que celles de Meudon, lancer leurs projectiles sur la ville et atteindre jusqu'aux quartiers populeux du Luxembourg et du Panthéon. A la droite des Prussiens, de fortes batteries sur les pentes de Fontenay-aux-Roses et de Bagneux battaient le fort de Montrouge et atteignaient les quartiers de la rive gauche de la Seine, jusqu'aux abords du Jardin des Plantes. L'ennemi n'établit point de batteries de siège en face des forts de Bicêtre et d'Ivry. L'altitude de la ligne d'investissement entre la Bièvre et la Seine était, comme nous l'avons dit, inférieure à la ligne de défense. Ce motif, joint à l'avantage fait à la défense par la possession des redoutes des Hautes Bruyères et du Moulin-Saquet, en avant de Villejuif et de Vitry, détermina l'abstention de l'assiégeant de ce côté. C'est une démonstration remarquable de l'importance décisive de l'orographie dans le problème complexe de la défense de Paris.

Le feu des batteries prussiennes, ouvert le 5 janvier, a été continué avec une vigueur et une précision rares pendant plus de vingt jours. Il est intéressant de constater quel en fut l'effet. Malgré l'avantage des positions dominantes, malgré la puissance des pièces et l'efficacité des projectiles, malgré l'excellence de leur tir, une chose est certaine, incontestable, démontrée par les rapports journaliers des commandants des forts d'Issy, de Vanves et de Montrouge, c'est que ces forts, en dépit de leur infériorité relative de situation, de construction et d'armement, étaient, après vingt jours d'un feu d'artillerie formidable, toujours en état de fournir une longue et solide défense. L'ennemi n'avait pas encore réussi à faire taire leurs canons; quant aux dégâts matériels, ils avaient été réparés, en ce qui touche les œuvres essentielles, à mesure que le feu de l'assiégeant les produisait. Les casernes intérieures étaient en ruines, mais les casemates, quoique crevées de temps en temps, abritaient encore suffisamment la garnison; il n'y avait point de brèche praticable aux escarpes, et par conséquent pas d'assaut à redouter. Les défenseurs des forts d'Issy et de Vanves avaient vu leur moral croître avec les épreuves. Jeunes soldats et gardes mobiles rivalisaient de courage et de ténacité. Au fort de Montrouge, le plus éprouvé en raison de la prodigieuse vivacité de riposte de ses batteries, ce qui amenait souvent sur lui de formidables concentrations de feux, les intrépides marins qui formaient la garnison se sentaient de taille à braver bien d'autres périls. Les très médiocres progrès de l'attaque contre ce front, incomparablement le plus faible de Paris, ont conduit la plupart des hommes spéciaux compétents à cette conclusion : que l'État-major allemand s'était singulièrement illusionné sur l'efficacité du tir à distance contre une fortification régulière. Il est probable en effet que, pour prendre Issy, Vanves et Montrouge, l'ennemi aurait été forcé, après des semaines perdues en canonnades à distance, d'en revenir aux procédés classiques d'attaque, c'est-à-dire aux tranchées d'approche, aux parallèles successives et aux batteries de brèche établies à courte portée du rempart.

Le bombardement de la ville elle-même, qui fut exécuté concurremment avec l'attaque des forts, ne produisit pas non plus les résultats attendus par les assiégeants. Quoique des projectiles du plus gros calibre n'aient cessé de pleuvoir, la nuit surtout, sur les quartiers de la rive gauche de la Seine, la résolution de la population parisienne n'a pas faibli un seul instant.

Un témoin, peu suspect d'excès de bienveillance pour cette population civile ardemment républicaine, le général Vinoy, lui a rendu un éclatant hommage : « Elle ne montra point de » faiblesse, dit-il dans sa relation du siège, encore moins de » bravades ; il n'y eut pas de fuites honteuses, et chacun fit » son devoir... Personne ne manifesta d'opinion démoralisante » et il n'y eut pas à craindre d'émeute ayant pour but de hâter » la reddition qui eût mis fin à la dure épreuve que l'on » subissait. Les sentiments de la population furent au contraire » exaltés au suprême degré par l'accroissement subit du » danger. Bien loin d'avoir donné lieu à des actes de faiblesse, » le péril commun enflamma au delà de toute mesure le désir » de la résistance poussée à ses dernières limites. »

Les dégâts matériels du bombardement furent d'ailleurs peu considérables : quelques incendies rapidement éteints. Les victimes furent de même en nombre relativement restreint : 375 tués ou blessés, dont 113 femmes et 67 enfants. Jamais bombardement n'affecta à un tel degré le caractère d'inutile barbarie !

Les résultats négatifs de l'attaque du front sud de Paris ne doivent cependant pas faire illusion sur la faiblesse extrême de ce secteur. Si l'ennemi avait disposé plus tôt de moyens suffisants, et si surtout il s'était décidé de bonne heure à pousser vigoureusement contre les forts des travaux réguliers d'approche, il est certain que Montrouge, Vanves et Issy auraient succombé, malgré la plus héroïque défense. La résistance de l'enceinte n'aurait pas pu être prolongée bien longtemps après la chute des forts, et les batteries de bombardement rapprochées de 2 à 3 kilomètres de Paris auraient, dans l'intervalle, poussé leurs projectiles jusqu'aux riches quartiers de la rive droite de la Seine. Autant et plus encore peut-être que celle du front de Saint-Denis, l'attaque allemande du secteur sud démontre que l'État-major prussien, si remarquable dans la conduite des opérations en rase campagne, était fort inférieur dans la guerre de sièges. On peut supposer qu'aujourd'hui, dans des conditions analogues et avec les progrès nouveaux de l'artillerie, les Allemands instruits eux aussi par l'expérience, ne resteraient pas quatre mois et demi arrêtés devant les forts d'Issy, de Vanves et de Montrouge. Le bombardement de la ville entrepris par un ennemi maître, comme en 1870-71, des crêtes de Châtillon, de Clamart et de Meudon, prendrait un caractère autrement destructeur et meurtrier. Le doute n'est pas permis à cet égard. Plus que jamais donc, plus réellement qu'en 1870, les clés de Paris sont encore sur les hauteurs de Meudon et de Châtillon !

Quoique d'une importance moins capitale pour la défense de Paris, la possession des hauteurs qui courent du coude de la Seine, à Sèvres, jusqu'au coude nouveau que le fleuve fait à Bougival, était pourtant, en 1870, d'un prix extrême tant pour l'assiégé que pour l'armée d'investissement. La dépression de Sèvres, vallée sans cours d'eau allant du bord de la Seine à Versailles, très étroite à Sèvres, s'élargissant vers Chaville et Viroflay, aux portes de la vieille résidence

royale, sépare nettement par une coupure profonde le système
des hauteurs du plateau de Châtillon du massif raviné dont
les collines de Saint-Cloud, de Garches et de la Celle-Saint-
Cloud marquent le versant nord-est. La ligne des crêtes,
orientée d'abord du sud au nord, le long de la Seine — c'est
la portion couverte par les magnifiques ombrages du parc de
Saint-Cloud, — tourne à l'ouest au-dessus de la ville de Saint-
Cloud, et va, en passant par Montretout, Garches, le plateau
de la Bergerie, au-dessus de Vaucresson, et les bois de la
Celle-Saint-Cloud, tomber à pentes rapides sur la Seine, à
Bougival. C'est à 3 kilomètres en moyenne au nord de cette
crête que se dresse la superbe colline isolée au haut de
laquelle est bâtie la forteresse du Mont-Valérien. La dépression
qui sépare le Mont-Valérien des pentes du plateau est profonde
et commandée de haut par les crêtes boisées qui s'étendent
de Garches à la Celle-Saint-Cloud. A la lisière des bois, à
mi-côte environ, se trouvent les châteaux et les parcs
désormais célèbres de Buzenval, de Longboyau et de la
Jonchère. C'est sur ces positions étagées, au pied desquelles
se développent en glacis les vastes champs qui entourent
la ferme de Fouilleuse, que s'était retranché le Ve corps
prussien. Il avait occupé sans coup férir la redoute inachevée
de Montretout, qui, quoique directement exposée au tir
dominant du Mont-Valérien, fournissait un excellent poste
d'observation et un bon point d'appui vers Saint-Cloud.

L'aile droite du Ve corps dominait, des hauteurs du parc
de Saint-Cloud, la ville de Boulogne, le village de Billancourt
et la plaine, jusqu'aux bastions d'Auteuil. La Seine, coulant
au pied du coteau, défendait efficacement cette aile contre
toute attaque partie du Point-du-Jour ou du bois de Boulogne.
La gauche s'appuyait également à la Seine, à Bougival, et
ne pouvait être tournée. L'armée française qui se serait
massée dans la presqu'île de Gennevilliers, sous la protection

du Mont-Valérien, et qui aurait tenté d'en déboucher pour marcher sur Versailles, était donc forcée d'enlever de front ces positions naturellement très fortes et devenues formidables par l'habile organisation défensive des châteaux, des parcs et des bois. Le développement du front de bataille entre Bougival et Saint-Cloud ne dépassait pas 6 kilomètres et demi, ce qui eu égard à l'excellence des positions, permettait aux deux divisions du V<sup>e</sup> corps prussien de le garnir solidement. — Ce n'est pas d'ailleurs sans raison que les Allemands s'étaient attachés à se fortifier contre une sortie tentée dans cette direction. La distance du Mont-Valérien à Versailles est à peine supérieure à 8 kilomètres. L'armée parisienne qui aurait réussi à gravir les hauteurs et à prendre pied sur le plateau, n'aurait eu donc, pour ainsi dire, qu'un pas à faire en avant pour tomber sur le grand quartier général allemand. Aussi l'État-major prussien n'avait-il rien négligé pour parer à tout accident de ce côté.

Trois lignes successives de retranchements avaient été disposées : la première, à la lisière des bois, de la Jonchère par Buzenval, la Maison du curé en avant de Garches, et Montretout jusqu'à Saint-Cloud ; la deuxième, allant du haut de la Celle-Saint-Cloud, par les Haras, au-dessus de Vaucresson, et le château de Villeneuve-l'Étang, aboutir à la partie supérieure du parc de Saint-Cloud, en avant de la Ville-d'Avray ; la troisième enfin, plus rapprochée de Versailles, partant des Gressets, à l'origine du ravin de Bougival, et passant par le château de la Marche, le parc de la Marne et le bois de Fausses-Reposes jusqu'aux Mortes-Fontaines dans la vallée de Sèvres. Des ouvrages de tout genre, tranchées, redoutes, épaulements, abattis, murs crénelés, etc., y offraient des points d'appui d'autant plus redoutables pour l'assaillant, que la nature coupée et couverte du terrain rendait difficiles les grands mouvements de troupes et devait particulièrement gêner l'action de l'artillerie. Sur ce secteur encore, le cercle d'investissement était donc solide et singulièrement difficile à briser.

C'est là cependant que fut tenté le suprême effort de l'armée de Paris le 19 janvier 1871. Une seule affaire sérieuse y avait eu lieu antérieurement. Le général Ducrot avait conduit, le 21 octobre 1870, une forte reconnaissance (dix mille hommes) dans la direction de Bougival. Le but de l'opération était de refouler les avant-postes de l'ennemi, le long de la Seine, et peut-être avant tout de se rendre compte des progrès accomplis par nos jeunes troupes depuis la journée du 19 septembre. A ce point de vue le combat ne fut pas sans un résultat satisfaisant. Les mêmes zouaves qui avaient fait si triste contenance à Châtillon, combattirent avec une audace et une vigueur extrêmes. Mais l'insuccès de leurs efforts contre le parc et le château de la Jonchère révéla la rare solidité des positions occupées par le Ve corps prussien.

Aussi l'histoire admettra-t-elle difficilement que le choix de ce secteur pour la tentative désespérée que Paris affamé mais inébranlable de résolution exigeait des chefs de la Défense ait été un choix dicté par des considérations purement militaires. Elle admettra moins aisément encore que le gouverneur de Paris ait pu croire au succès de l'attaque à laquelle allaient participer de nombreux bataillons de la garde nationale de Paris, qu'on se décidait, beaucoup trop tard, à employer sérieusement contre l'ennemi. Ce n'est pas que ce succès fût absolument impossible. Il y a peu d'entreprises de guerre qu'on puisse qualifier d'impraticables quand on y emploie des moyens suffisants. Et certes, l'enlèvement des positions du Ve corps prussien n'était pas une œuvre au-dessus de ce que pourraient accomplir des troupes braves, bien conduites et numériquement supérieures à l'ennemi. Mais les entreprises qui ne réussissent jamais, même dans les condi-

tions les plus favorables, sont celles que les chefs conçoivent
et conduisent avec des arrière-pensées d'ordre politique, sans
conviction, sans ardeur, avec la certitude de la défaite et le
parti pris de s'en accommoder. A plus forte raison encore
l'insuccès est-il fatal, quand, à cet état psychologique du
commandant en chef et de la plupart de ses collaborateurs,
s'ajoutent des fautes techniques, des négligences et des
manquements graves. C'est l'histoire de la malheureuse
journée du 19 janvier 1871.

Les ordres de marche avaient été si mal préparés, qu'une
confusion extrême régna dès la pointe du jour dans les
colonnes en marche de Paris et de toute la presqu'île de
Gennevilliers vers le Mont-Valérien. L'aile gauche, commandée
par le général Vinoy, et les têtes de colonne du centre, aux
ordres du général de Bellemare, attaquèrent à l'heure dite;
mais le gros du centre et toute l'aile droite, commandée par
le général Ducrot, piétinaient encore au loin en arrière. Les
colonnes de ce dernier n'entrèrent en ligne qu'après plusieurs
heures de retard. A gauche et au centre, l'infanterie aborda
l'ennemi avec un élan et une résolution admirables chez des
troupes souffrant cruellement du froid et de la faim. L'artillerie, dont l'action était indispensable, ne put malheureusement appuyer l'attaque des bataillons parisiens. Les pièces
entassées, embourbées dans des chemins défoncés et des
terrains détrempés par des pluies récentes, ne réussirent pas
à gravir les pentes du plateau. Aussi, malgré les succès
signalés des premières attaques, malgré la prise de la redoute
de Montretout, l'occupation de Saint-Cloud, l'enlèvement de
la Maison du curé, du château et du parc de Buzenval, les
efforts réellement héroïques de l'armée et de la garde
nationale, se brisèrent-ils contre les lignes retranchées de
l'ennemi. Trop de sang généreux fut infructueusement versé.
Tandis que les pertes prussiennes ne dépassaient pas sept

cents hommes hors de combat, l'armée de Paris laissait quatre mille tués ou blessés sur le champ de bataille. Sur ce nombre, mille cinq cents appartenaient à la garde nationale parisienne ! La proportion des pertes dans les rangs de ces bataillons civiques était égale sinon supérieure à celle des pertes subies par les régiments de la ligne et de la garde mobile. Démonstration irréfutable, écrite en lettres de sang, de l'abnégation, du patriotisme et du courage du peuple républicain de Paris !

Il n'entre pas dans notre sujet d'insister davantage sur les incidents du grand siège. Des faits que nous venons de rappeler se dégage cette double conclusion expérimentale :

1º L'enceinte et les forts détachés du système de 1840 sur le front sud de Paris ne garantissaient pas la capitale contre un bombardement à distance et ne l'auraient que très insuffisamment protégée contre une attaque en règle ;

2º Les hauteurs qui avaient été laissées en dehors du système de fortifications, fournissaient à l'ennemi, à courte distance des forts, une ligne de circonvallation exceptionnellement avantageuse et facile à défendre contre les sorties de l'assiégé.

# CHAPITRE IX

Topographie de la grande banlieue, au sud et à l'ouest de Paris. — La plaine de la Seine et le plateau central. — Plaine de Versailles ou du Rû de Gally. — Valeur stratégique du plateau. — Les vallons transversaux de la Bièvre et de l'Yvette. — Débat de 1874. — Système restreint et système étendu. — Opinion de M. Thiers — Justification du système étendu. — Plan de défense. — Positions de Palaiseau et de Saint-Cyr ; leur fortification. — Forts de Villeras et du Haut-Buc ; leurs propriétés offensives. — Importance du vallon de la Bièvre. — Le rentrant de la plaine de la Seine. — Fortification de Fontenay-Châtillon et du bois de Verrières. — Le rentrant de la plaine de Versailles. — Organisation de la défense de Versailles. — Le plateau de Marly. — Forts et Batteries de cette position. — Difficultés de l'investissement de Paris sur la rive gauche de la Seine. — Forces indispensables. — Importance stratégique et avantages exceptionnels du système de fortification du front sud.

La nécessité urgente de parer aux dangers inhérents à ce grave défaut de la cuirasse parisienne ne fut méconnue par personne quand se posa le problème des nouvelles fortifications de Paris. On reconnut unanimement qu'il fallait avant tout assurer à la défense la possession des crêtes de Châtillon, de Meudon, de Bellevue, de Saint-Cloud, de la Celle-Saint-Cloud et de Louveciennes, au-dessus de Bougival. Mais l'accord sur le principe se changea bientôt en une vive et ardente controverse quand il fallut trancher la question des moyens et des méthodes d'exécution. C'est au sujet de la fortification du frond sud de Paris que s'engagea le grand débat entre les partisans du « système étendu » et les partisans du « système restreint », qui, après avoir préoccupé et divisé les comités techniques, remplit entièrement plusieurs séances de l'Assemblée nationale en mars 1874.

Nous indiquerons tout à l'heure les traits saillants de ce débat; mais il nous paraît indispensable auparavant, tant pour l'appréciation de la solution qui a prévalu que pour la compréhension nette des termes de la controverse, de donner au lecteur une idée suffisante de la topographie de la région qui s'étend, au sud, entre Paris, Versailles et le cours de la Seine, en amont de son confluent avec la Marne. Envisagée fragmentairement par les détails, accident de terrain après accident, cette région si variée d'aspects, si attrayante et si pittoresque par endroits, peut sembler un peu confuse; mais nous estimons qu'une vue d'ensemble, prise d'un peu haut, suffit à l'éclairer et à en faire saisir les traits fondamentaux. Le fait topographique essentiel dont il convient de se pénétrer tout d'abord, c'est que les sommets de Châtillon et de Meudon ne sont nullement, comme on serait tenté de le croire à les voir de Paris, les arêtes d'une chaîne de collines à double versant, mais bien les crêtes du talus terminal d'un vaste plateau, sensiblement triangulaire, qui se rattache par sa large base aux plaines hautes de la Beauce, et dont le sommet arrondi, émoussé, vient tomber brusquement sur l'étage inférieur de l'amphithéâtre parisien. Ce plateau, dont l'altitude moyenne est égale à celle de la cime du Mont-Valérien, domine, à l'est et à l'ouest, des plaines plus basses, bien que supérieures elles-mêmes au niveau des bords et des berges de la Seine.

L'observateur qui suivrait, en venant de l'est, l'une des routes obligées d'une armée en marche pour investir Paris sur la rive gauche de la Seine, saisirait sans peine les lignes générales de la topographie du pays, et se rendrait aisément compte de l'importance et des propriétés stratégiques du plateau que nous envisageons. Supposons que cet observateur franchisse le fleuve sur un point quelconque entre Paris et Corbeil, à Villeneuve-Saint-Georges, par exemple. Ce fut le grand point de passage des Allemands en 1870. Il suit sa route droit à l'ouest. A une petite distance de la berge du fleuve, le terrain se relève, formant un talus continu, une deuxième berge en quelque sorte. Cette berge est plus haute mais aussi régulière que celle qui borde immédiatement le fleuve à présent, et le géologue y voit un témoin des temps diluviens où la Seine roulait ses flots sur un lit large de 2 à 3 kilomètres. Ce talus gravi (son altitude moyenne ne dépasse pas 50 mètres), le voyageur voit tout à coup se dresser en face de lui, mais loin encore, à 12 kilomètres en moyenne, une ligne de faîtes courant du sud au nord, parallèlement au cours du fleuve, et commandant de haut la belle plaine d'alluvions au niveau de laquelle il vient de s'élever. C'est le rebord oriental du plateau dont les crêtes de Châtillon et de Meudon marquent le sommet septentrional. Quant à la plaine elle-même, elle est vaste, admirablement nivelée, très fertile et, en face de Villeneuve-Saint-Georges, tout à fait découverte, sans forêts ni bouquets de bois. C'est d'ailleurs le trait caractéristique de toute la plaine entre Paris et Longjumeau. Plus au sud, entre Épinay-sur-Orge, Arpajon et Corbeil, elle présente quelques espaces boisés, et son horizontalité est rompue çà et là par des mamelons isolés. A travers cette plaine courent de Paris vers le sud les routes et les voies ferrées de Paris à Nevers par Corbeil, Malesherbes, Montargis et Gien; de Paris à Orléans, à Bourges, à Tours, etc.; de Paris à Tours par Vendôme; le chemin de fer de Paris à Limours par Sceaux et Palaiseau, qui longe durant une vingtaine de kilomètres le pied même des crêtes du plateau. Ces crêtes — nous supposons que l'observateur parti de Villeneuve-Saint-Georges les gravit en suivant le chemin de Palaiseau à Saclay. Les pentes sur lesquelles il s'élève

présentent une déclivité marquée. Tout ce rebord du plateau
tombe en escarpements sur la plaine. Du sommet de la côte
la vue qui plonge à l'est sur la plaine et sur le cours de la
Seine, s'étend sans obstacles à l'ouest et rase un sol en
apparence indéfiniment horizontal. L'aspect est celui de la
Beauce, c'est-à-dire d'un champ de blé sans limites. L'altitude
de ces superbes terres arables est, nous l'avons dit, à peu
près celle des plus hautes collines des abords de Paris. C'est
pourquoi rien ne vient arrêter le regard. Pour trouver une
nouvelle ligne de hauteurs barrant l'horizon, l'observateur
doit continuer encore de marcher à l'ouest pendant 20 ou
30 kilomètres, soit vers Saint-Cyr, soit vers Trappes et
Néauphle-le-Château. Là, le sol s'abaissera brusquement sous
ses pas; il aura atteint le rebord occidental du plateau; sous
ses pieds se déroulera une admirable plaine, symétrique à celle
de la Seine; Versailles et son palais historique apparaîtront à
droite comme au pied d'un cirque de forêts, tandis qu'en face se
dressera la chaîne de hautes collines qui court parallèlement
à la Seine en aval de Paris, de Saint-Germain aux environs
de Meulan et de Mantes. Cette plaine, plate et découverte
comme celle de la Seine, va s'élargissant à mesure qu'on
s'éloigne de Versailles en marchant vers l'ouest. Elle
n'a pas moins de 10 kilomètres de largeur en face de
Néauphle-le-Château. Le Rû de Gally, qui l'arrose durant
25 kilomètres, prend sa source à l'extrémité du parc du
château de Versailles. La ville elle-même et le château
occupent un seuil peu élevé entre l'origine de la plaine
et le vallon de Sèvres. De nombreuses routes suivent le
vallon et la plaine : notamment, la chaussée de Paris à
Rouen par Versailles; de Paris à Évreux, Caen et Cher-
bourg; la route et le chemin de fer de Paris à Dreux, à
Alençon, Rennes et Brest. Sur le plateau lui-même courent
les voies importantes, route et chemin de fer, **de Paris** et

Versailles à Chartres et au Mans; de Paris à Chartres par Chevreuse, etc.

Le lecteur saisira maintenant, sans qu'il soit nécessaire d'entrer dans de longues considérations, l'importance militaire du plateau qui donne sa physionomie caractéristique à l'échiquier stratégique de la région sud-ouest de la grande banlieue parisienne. Cette immense terrasse triangulaire qui domine Paris par son sommet, la plaine de la Seine par les crêtes de son rebord oriental, le vallon de Sèvres et la plaine du Rû de Gally par celles de son rebord nord-ouest, sur un développement de plus de 30 kilomètres de chaque côté d'angle, est le lieu stratégique par excellence, la position centrale dont la possession est indispensable à une armée cherchant à investir Paris par la rive gauche de la Seine. Qui tient fortement le plateau, commande les deux plaines et maîtrise toutes les communications de la capitale avec les provinces de l'Ouest, du Centre et du Midi.

Deux traits topographiques essentiels compléteront cette esquisse nécessaire du terrain. Horizontal en apparence, le plateau n'en est pas moins uniformément incliné de l'ouest à l'est. La crête qui court de Meudon, par Satory, au-dessus de Versailles, jusqu'à Néauphle-le-Château, est plus élevée que la crête symétrique allant de Fontenay-aux-Roses par Palaiseau vers Montlhéry et Arpajon. Il en résulte que toutes les eaux du plateau s'écoulent vers la plaine de la Seine. Celle du Rû de Gally n'en reçoit pas même un ruisselet. De là, la direction remarquable, militairement très importante, des deux étroites mais profondes dépressions transversales qui sillonnent successivement le plateau, et que l'on rencontre l'une après l'autre quand on suit, au sortir de Paris, le chemin de Chartres par Châtillon, Bièvre et Chevreuse, — route qui trace assez exactement la bissectrice de l'angle terminal du plateau.

La première de ces dépressions est celle qu'a creusée la

Bièvre. Deux ravins boisés qui prennent naissance à quelques centaines de mètres du talus du plateau, au-dessus de Saint Cyr, vers la lisière ouest du bois de Satory, sont l'origine de la petite rivière; elle creuse bientôt un énorme sillon au pied du bois des Gonards, qui sépare le vallon de Versailles, s'élargit à Jouy-en-Josias, passe à Bièvre, et débouche dans la plaine de la Seine par une large coupure entre le bois de Verrières et les crêtes de Palaiseau. Elle a coulé de l'ouest à l'est durant près de 14 kilomètres. Sauf au débouché même, le vallon ne dépasse pas 1 kilomètre de largeur; mais il constitue un prodigieux fossé, car le sillon transversal creusé dans le plateau n'a pas moins de 60 mètres de profondeur. A l'entrée de la plaine, la Bièvre tourne brusquement à angle droit et court parallèlement à la Seine, baignant le revers oriental du plateau jusqu'à son entrée dans la ville de Paris.

La deuxième dépression est tracée par le cours de l'Yvette dont la vallée pittoresque est bien connue sous le nom de vallée de Chevreuse. Son cours, orienté comme celui de la Bièvre, en est la reproduction agrandie. Toutefois, les ravins initiaux de la vallée de Chevreuse se rapprochent beaucoup moins du talus occidental du plateau. Le plus rapproché vient du bois de Trappes. C'est vers les sources du ruisseau de ce vallon que fut l'abbaye célèbre de Port-Royal. La partie inférieure de la vallée de l'Yvette, entre Gif et Palaiseau, a 2 kilomètres de largeur; mais le vallon est profondément encaissé entre les escarpements parallèles creusés dans le massif du plateau. C'est au sud du bourg de Palaiseau que l'Yvette débouche dans la plaine de la Seine. Là, au lieu de tourner en équerre, comme la Bièvre, elle continue de couler directement à l'est à travers les alluvions, passe à Long-jumeau, se confond avec l'Orge à Épinay, pour tomber immédiatement après dans la Seine.

L'Orge elle-même descend aussi du plateau, mais la distance

considérable qui sépare sa vallée du camp retranché parisien
en rendrait la description superflue.

Le vallon supérieur de l'Yvette entre l'origine et Chevreuse
est long de 11 kilomètres à peu près; de Chevreuse au
débouché dans la plaine, on en compte 15; le cours en plaine
en a 12 environ. La distance entre la coupure de la Bièvre et
celle de l'Yvette sur le plateau est d'une quinzaine de kilomètres à l'origine; de 7 à 9 dans le cours moyen; mais elle n'est
plus que de 4 au débouché. Une remarque importante à faire,
c'est que l'espace ouvert sur le plateau entre le vallon initial
de l'Yvette et le talus dominant la plaine de Versailles et du
Rû de Gally, n'a pas moins de 10 à 11 kilomètres de largeur.
C'est dans cet espace que se déroulent, sans rencontrer
d'obstacles, la route et le chemin de fer de Paris et Versailles
à Chartres. Ces chemins tournent donc à leurs sources les
ruisseaux dont les ravins fourniraient, face à Paris, des
positions militaires à une armée de blocus postée sur le plateau.

Nous en avons dit assez pour que le lecteur, aidé de la
carte, puisse saisir clairement les données du débat qui
s'engagea, en 1874, entre les partisans du système restreint
et ceux du système étendu.

Le plus illustre des premiers, M. Thiers, avait été particulièrement frappé de la prodigieuse force défensive que présente
la section du plateau comprise entre Paris, Versailles et le
cours de la Bièvre. Les crêtes orientales du plateau, entre
Fontenay-aux-Roses et le bois de Verrières, offrent, face à
l'est, des positions formidables contre une armée qui, après
avoir, comme en 1870, franchi la Seine à Choisy-le-Roi et à
Villeneuve-Saint-Georges, marcherait sur Versailles par
Sceaux et Châtenay. La position ne serait pas moins forte
contre un ennemi qui tenterait de tourner le bois de Verrières
en passant la Bièvre, vers les villages de Bièvre et de Jouy,
dans le but de venir, comme au 19 septembre 1870, couronner

les crêtes de Châtillon et de Meudon, du haut desquelles
on foudroie Paris. Assez vaste pour fournir des campements
à une armée considérable, assez resserrée néanmoins
(10 kilomètres environ sur chaque front) pour être aisément
défendue, cette portion du plateau pouvait, à l'aide d'un petit
nombre de forts et de redoutes, devenir inexpugnable, et
opposer désormais un obstacle infranchissable à toute
entreprise soit de siège en règle, soit de bombardement
du front sud de Paris.

M. Thiers insistait pour qu'on ne se hasardât pas au delà
de cette position si belle et si sûre. Il faisait assez bon marché
de ses critiques générales contre l'extension du rayon de
défense sur les autres fronts, car il concédait l'occupation
permanente de Vaujours à l'est, celle même de Montmorency
au nord; il approuvait la construction du fort de Cormeilles;
il ne faisait pas d'objections à celui de Villeneuve-Saint-
Georges, si éloignés cependant l'un et l'autre de l'enceinte de
Paris; c'est uniquement contre l'extension de la ligne des forts
au delà de la Bièvre, sur le plateau de la rive gauche, que
l'illustre homme d'État se passionnait et s'opiniâtrait. Les
discours qu'il prononça à cette occasion sont les derniers de
sa vie parlementaire. M. Thiers n'eut pas de peine à démontrer
qu'en échelonnant une série de batteries permanentes de
Fontenay-aux-Roses à l'angle sud du bois de Verrières, et
qu'en couronnant de même par des forts de plus ou moins
grand échantillon les saillants de la crête escarpée qui
surplombe la Bièvre, on obtiendrait des garanties exceptionnelles de solidité défensive. Cette superbe place d'armes
aurait été, dans le système de M. Thiers, reliée au Mont
Valérien par quelques ouvrages importants : un fort à la
butte de Picardie, au-dessus de Versailles, d'autres forts ou
batteries fermées sur les crêtes de la Celle-Saint-Cloud et
de Bougival. L'exécution de ce plan aurait répondu, sans

contredit, à toutes les nécessités d'une défense passive, pour
ainsi dire indéfinie. L'énorme fossé de la Bièvre et les
escarpements de la rive gauche du vallon qu'elle creuse
auraient constitué, pour la ligne des batteries et des forts
extérieurs du plateau, une protection inappréciable. La
ligne de la butte de Picardie à la Celle-Saint-Cloud, n'aurait
pas été, du reste, beaucoup plus aisément abordable.

Rien de cela ne fut contesté. Le savant et modeste général
Chareton, qui fut — avec M. de Chabaud-Latour, rapporteur
de la Commission — le principal adversaire de M. Thiers, dans
ce débat, convint que c'était l'idéal d'un système purement
défensif. Mais la défense passive était-elle le but à poursuivre?
Le général Chareton était pénétré de la conviction opposée.
Il n'admettait à aucun degré l'énervante théorie en vertu
de laquelle une armée, rejetée dans un vaste camp retranché,
peut se considérer à *priori* comme hors d'état de reprendre
désormais la campagne sans secours extérieur. Il estimait,
au contraire, que la création du camp retranché parisien
devait être conçue avant tout et par-dessus tout en vue de
la rentrée en ligne, en rase campagne, d'une armée qui
se serait momentanément abritée, pour se reposer et se
refaire, sous la protection des ouvrages du camp. Or, examinée
à la lumière de ce principe supérieur, la théorie du système
restreint préconisée par M. Thiers était inacceptable. Le
général Chareton démontrait, en effet, qu'en se reléguant
sur la portion du plateau délimitée par la Bièvre, on
permettait à l'ennemi d'occuper en face de Paris, au sud,
des lignes de blocus aussi serrées, aussi étouffantes et
presque aussi difficiles à forcer que celles de 1870-1871.

La Bièvre, sans doute, allait fournir un fossé presque
infranchissable aux positions de la défense sur le plateau;
mais ne remplirait-elle pas un office analogue en faveur des
positions de blocus prises par l'ennemi le long de la crête

opposée du vallon? L'assiégeant ne manquerait pas en effet de border la Bièvre, depuis les abords de Versailles jusqu'à son débouché dans la plaine de la Seine, et d'y appuyer sa ligne de circonvallation sur le plateau. Le jour où l'armée parisienne tenterait une sortie, il lui faudrait tout d'abord descendre dans le vallon sous les vues de l'ennemi ; se former au fond de ce fossé sous le feu plongeant des troupes bordant la crête du rebord opposé, puis gravir cette escarpe naturelle, s'élever sur une pente roide et boisée, pour se heurter ensuite contre les ouvrages que l'ennemi n'aurait pas manqué d'élever en arrière. Ces ouvrages, il faudrait les aborder de front ; et les difficultés seraient d'autant plus grandes que l'artillerie, forcée de défiler par un petit nombre de débouchés à travers les bois qui couvrent les deux versants escarpés du vallon, se trouverait trop vraisemblablement empêchée, comme à Champigny, comme à Buzenval, de préparer et de soutenir efficacement l'assaut des têtes de colonne de l'infanterie. Quant à tourner les positions centrales de l'ennemi sur le plateau, il n'y faudrait guère songer dans l'hypothèse que nous envisageons. Entre le ravin supérieur de la Bièvre et Versailles s'étend la belle position du bois des Gonards, d'où il faudrait déloger l'ennemi, comme d'ailleurs de la ville de Versailles elle-même. Versailles serait sans doute dominée par nos forts ; mais grâce au terrain couvert jusqu'aux abords de la ville et aux épaisses constructions maçonnées qui y abondent, l'ennemi s'y logerait certainement et n'en pourrait être chassé qu'au prix de la destruction à peu près fatale de la ville. Tenter une attaque de flanc par la plaine de la Seine ne serait pas moins difficile. Il y aurait témérité à s'avancer entre les crêtes du plateau et les rives du fleuve avant d'avoir délogé l'ennemi des hauteurs de Palaiseau et de celles de Villejust, au delà de l'Yvette, c'est-à-dire avant d'avoir emporté des positions admirablement propres à la défensive.

C'est par ces considérations que les généraux Chareton et Chabaud-Latour justifiaient la proposition de porter la ligne extérieure des forts au delà de la Bièvre sur le plateau, au delà de Versailles, et jusque sur le plateau de Marly entre la plaine de Versailles et le cours de la Seine de Bougival à Saint-Germain. Le front du camp retranché parisien allait dépasser ainsi la lisière du terrain tourmenté, coupé, couvert entre Versailles, la Bièvre et Paris, pour atteindre l'origine des grandes plaines découvertes de la Beauce. Cette solution à laquelle les comités techniques avaient fini par s'arrêter après de longues études, prévalut aussi devant l'Assemblée nationale. Nous sommes persuadés qu'en dépit de son apparente hardiesse, elle n'est ni moins prudente ni moins sûre que celle préconisée par les partisans du système restreint.

Maîtriser fortement le plateau entre le cours de la Bièvre et celui de l'Yvette; commander par les faces latérales de cet immense saillant, la plaine de Versailles d'un côté, celle de la Seine de l'autre; tenir ainsi larges et libres d'obstacles les débouchés d'une armée parisienne empruntant pour rentrer en campagne les routes diverses qui, soit par le plateau, soit par les plaines, mènent de Paris et de Versailles à Rouen, à Evreux, à Dreux, à Chartres, à Orléans et à Fontainebleau : telle était la condition essentielle à remplir. Nous allons voir par quels moyens on s'est efforcé de la réaliser.

Deux positions, dès qu'on se décidait à porter la ligne des forts au sud de la Bièvre, s'offraient, s'imposaient même aux ingénieurs de la défense : celle de Palaiseau et celle de Saint-Cyr. Là devaient nécessairement s'appuyer les deux sommets angulaires du grand saillant. A Palaiseau, la berge orientale du plateau, profondément échancrée par les débouchés en plaine de la Bièvre et de l'Yvette, forme au-dessus du bourg un haut promontoire dominant à la fois l'embouchure des deux vallons au nord et au sud et toute la plaine à l'est jusqu'aux rives de la Seine. La position de Saint-Cyr, à l'angle opposé du saillant, semble au premier abord jouir de propriétés moins remarquables. Elle ne domine que la plaine de Versailles ou du Rû de Gally; mais à l'examiner avec attention, on reconnaît bien vite son importance, car elle couvre l'origine du vallon de la Bièvre, interdit les approches de Versailles, en même temps qu'elle tient les routes tournant les ravins initiaux des cours d'eau qui contribuent à former l'Yvette et à creuser la vallée de Chevreuse. La distance à vol d'oiseau de la position de Saint-Cyr à celle de Palaiseau est de 16 kilomètres. Le plateau, dans l'intervalle, n'est qu'un superbe champ de labour, sans coupures, sans couverts, sans obstacles qui puissent arrêter le rayon visuel. Deux puissants groupes de fortifications à Palaiseau et à Saint-Cyr, et deux forts intermédiaires au Haut-Buc et à Villeras : tels sont les ouvrages du front sud sur le plateau.

Le groupe de Palaiseau comprend un grand fort et deux forts annexes situés à quelques centaines de mètres du principal ouvrage. Le fort principal occupe le sommet du promontoire, à peu de distance du rebord du plateau. Ses glacis sont à 60 mètres au-dessus de la plaine de la Seine qu'on aperçoit du haut des parapets se déroulant à l'est et au nord jusqu'aux hauteurs de Villeneuve-Saint-Georges distantes de 15 kilomètres, et jusqu'aux murs de Paris dont malgré la distance les monuments apparaissent se détachant sur le ciel à l'horizon. Non seulement le fort commande la plaine, mais il rend inabordable toute cette extrémité du plateau comprise entre la double échancrure de la Bièvre et de l'Yvette. Il croise d'ailleurs ses feux au nord avec les Batteries du bois de Verrières, qui battent l'orifice de la vallée de la Bièvre et prennent à revers tout le versant nord du promontoire de Palaiseau. Le rôle des deux forts annexes est plus particulièrement consacré au commandement de la plaine et de toute la portion inférieure de la vallée de Chevreuse. Le premier, dit de la Pointe, occupe l'éperon même qui surplombe le débouché de l'Yvette dans la plaine de la Seine. Ses batteries voient tout le cours de l'Yvette jusque vers son confluent avec l'Orge et leur commune embouchure dans la Seine. Elles peuvent atteindre efficacement Longjumeau, point important de passage sur la route d'Orléans. Le second, le fort de l'Yvette, n'a de vues que sur la vallée même de Chevreuse et sur les champs découverts du plateau; mais ses canons tiennent sous leur feu le chemin de fer de Limours et tout le vallon de Chevreuse jusqu'à Orsay et même jusqu'à Gif.

Le projet de loi voté en 1874 avait autorisé la création d'un autre fort annexe sur le gros mamelon isolé de Chaumont, qui est situé dans la plaine de la Seine, à 2 kilomètres à l'est de Palaiseau. On a définitivement renoncé à le construire. L'ouvrage aurait été vraisemblablement superflu en présence de la force et de l'efficacité du groupe des forts de Palaiseau contre toute attaque venant de la plaine de la Seine. Protégé en effet du côté de la Seine et du côté de la vallée de Chevreuse par des escarpements infranchissables sous le feu des ouvrages; protégé au nord par l'étroitesse du plateau entre le glacis des ouvrages et la crête du ravin de la Bièvre; soutenu d'ailleurs en arrière par les canons des redoutes du bois de Verrières, tirant à moins de 4 kilomètres, le groupe des forts de Palaiseau est tout à fait inabordable par les faces tournées vers la Seine et vers l'Yvette. Pour investir le groupe et diriger contre lui des approches régulières, l'ennemi devrait préalablement franchir, après un grand détour, l'Yvette dans la vallée de Chevreuse, vers Gif par exemple, et s'élever ensuite sur le plateau. Il pourrait s'avancer alors à travers les vastes espaces découverts et aborder par la face tournée vers l'ouest le triangle des forts de Palaiseau. Les ouvrages n'étant dominés d'aucun côté, il faudrait nécessairement procéder, pour arriver sur leurs glacis, par la méthode lente des cheminements et des approches régulières. Or, dans cette hypothèse, l'assaillant serait, à mesure du progrès de ses travaux, de plus en plus forcé de prêter le flanc, puis le dos aux feux du fort de Villeras tirant à moins de 4 kilomètres de distance. Il serait, de plus, sous la menace permanente d'une attaque inopinée des troupes mobiles de la défense qui, surgissant brusquement de la vallée de la Bièvre, sous la protection des batteries de gros calibre de Villeras et du Haut-Buc, pourraient se jeter à l'improviste sur les flancs et les derrières des assiégeants du groupe des forts de Palaiseau.

La distance de Paris à la position de Palaiseau est de 17 kilomètres, en suivant la crête du plateau; elle est de 10 kilomètres entre les forts et la pointe nord du plateau vers l'emplacement de l'ancienne redoute de Châtillon et des batteries de Fontenay-aux-Roses. Tout ce flanc de l'immense saillant dont le groupe de Palaiseau marque l'angle sud-est a été fortifié de manière à défier toute tentative ennemie. Nous avons vu précédemment que le fort de Villeneuve-Saint-Georges, combiné avec les défenses de la vallée de la Marne, interdisait à une armée d'invasion le passage de la Seine sur les 20 kilomètres du cours du fleuve, entre Paris et Juvisy. L'ennemi qui se proposerait d'aborder le flanc du saillant entre Fontenay-aux-Roses et Palaiseau, devrait donc franchir d'abord la Seine sur quelque point entre Juvisy et Corbeil, puis défiler, par Épinay et Longjumeau, à travers la plaine autour de Wissous, canonné sur ses flancs par les hautes batteries de Villeneuve-Saint-Georges et de Palaiseau, et exposé de toutes parts aux vues des défenseurs du camp retranché. Cela fait, c'est-à-dire après avoir pénétré dans l'énorme rentrant compris entre Paris, la Seine et la ligne des crêtes du plateau, il devrait pivoter à gauche, afin de s'engager dans le couloir du vallon de la Bièvre d'un côté et aborder les hauteurs de l'autre. La position de l'armée assaillante serait alors une des plus périlleuses et anti-militaires qu'il soit possible d'imaginer. L'ennemi aurait à dos la Seine, infranchissable pour lui, et sur son flanc droit la ligne des anciens forts de Bicêtre et d'Ivry, avec la belle redoute des Hautes-Bruyères; son flanc gauche et son unique ligne de retraite seraient sous le coup soit d'une attaque des troupes du plateau descendant dans la plaine du haut de Palaiseau, soit d'une diversion des troupes de la rive droite de la Seine débouchant par les ponts de Villeneuve-Saint-Georges et de Choisy-le-Roi.

Ajoutons que la ligne des crêtes, naturellement si forte, a été pourvue d'ouvrages qui la rendent désormais inabordable. Une série de redoutes, fermées et casematées, battent la plaine et croisent leurs feux depuis les crêtes de la Bièvre jusqu'à l'éperon de Fontenay-aux-Roses et Châtillon. Ce sont les Batteries de Bièvre et d'Ygny, battant le débouché du vallon de la Bièvre; les Batteries de Gâtines, des Terriers et de la Châtaigneraie; la première de celles-ci, à l'angle du bois des Verrières; les deux autres, au-dessus des villages de Verrières et de Châtenay. Un réduit fortifié occupe en outre le centre du bois de Verrières. Disposés de manière à battre le pied et les pentes du plateau, ces ouvrages (sauf le réduit) tiennent sous leur canon tous les chemins accessibles à l'artillerie. Les nouvelles batteries et redoutes de Fontenay-aux-Roses et de Châtillon les relient à la ligne des vieux forts. La batterie de Fontenay occupe l'éperon culminant de l'angle nord du plateau; elle commande Bourg-la-Reine et Sceaux, et ses feux, croisés avec ceux de la Châtaigneraie, balaient le pied des pentes du Plessis-Piquet. De la Batterie de Fontenay part un front retranché qui coupe l'extrémité du plateau de Châtillon, embrasse l'emplacement de la redoute de 1870, et va finir aux pentes de Clamart. Cet ouvrage, qui n'a point de vues sur la plaine, doit être considéré comme le dernier réduit de la défense du plateau.

Tel est désormais le front contre lequel se heurterait l'armée qui aurait commis l'extravagance de s'engager entre la Seine et le pied du plateau, dans le cul-de-sac que nous avons décrit! La folie d'une semblable opération est si évidente, qu'il n'y a pas à insister davantage sur les chances de désastres qu'elle réserverait à l'assaillant.

Mais il est temps de revenir au front sud du saillant. La position de Saint-Cyr, avons-nous dit, est symétrique à celle de Palaiseau. Elle a été de même puissamment fortifiée. Le grand étang de Saint-Quentin (il a 2 kilomètres et demi de long sur près de 600 mètres de large); la crête du plateau depuis le Bois-d'Arcy jusqu'à la gare de Saint-Cyr-l'École; la lisière du bois de Satory et le vallon initial de la Bièvre, délimitent assez exactement cette position remarquable à l'angle sud-ouest du grand saillant. La fortification comprend trois ouvrages d'inégale importance : le fort dit de Saint-Cyr qui est de premier ordre, le fort du Bois-d'Arcy et le petit fort ou Batterie de Bouviers.

La forteresse de Saint-Cyr dresse sur le plateau, à quelques centaines de pas au nord-ouest de l'étang de Saint-Quentin, l'imposant entassement de ses parapets et de ses batteries étagées. Elle s'élève à 3 kilomètres du village de Saint-Cyr dont elle porte le nom, à 9 environ de Versailles. Directement au sud-est du fort, s'étend la nappe d'eau de Saint-Quentin. A l'est, la vue porte au loin sur les champs découverts du plateau. Quand le temps est clair, on aperçoit distinctement les hauts terrassements des forts de Palaiseau, quoique la distance soit grande (15 kilomètres), et le niveau du sol sensiblement égal. A l'ouest, au contraire, les vues du fort sont assez bornées, le terrain se relevant insensiblement dans

la direction du village de Trappes et se garnissant çà et là de
bouquets de bois. Du fort à la crête du plateau dominant la
plaine du Rû de Gally, la distance n'atteint pas 2 kilomètres.
Là s'élève, au milieu d'un bois défriché, sur le rebord même
de la crête, le fort annexe du Bois-d'Arcy. Cet ouvrage croise
d'une part ses feux de très près avec le fort principal, et
commande, de l'autre, à une énorme distance, toute la plaine
au-dessous de Versailles. Le croisement des feux des deux
forts barre absolument l'espace ouvert sur le plateau, entre
le Bois-d'Arcy et l'étang de Saint-Quentin. Face à l'est, la
position n'est pas moins sérieusement protégée. La distance
entre l'étang et le ravin de la Bièvre ne dépasse pas 2 kilomètres. La route et le chemin de fer de Chartres passent dans
cet intervalle. Un fortin construit au village de Bouviers, un
peu en deçà du ravin de la Bièvre, balaie ces deux voies de
ses feux croisés avec ceux de la forteresse. Cet ouvrage, de
moindre dimension que celui du Bois-d'Arcy, mais comportant
néanmoins un armement assez important, flanque efficacement
le grand fort et interdit à l'ennemi venant du plateau les
approches du bois de Satory. Ce fort de Bouviers n'avait pas été
prévu dans le projet de loi voté en 1874. C'était une lacune
qu'on a eu grandement raison de combler. La distance du
grand fort de Saint-Cyr à celui du Haut-Buc, le premier fort
intermédiaire dans la direction des ouvrages de Palaiseau,
était trop considérable. Il n'aurait pas été impossible à un
ennemi un peu entreprenant de se glisser par cette trouée de
plus de 6 kilomètres, sur les crêtes qui dominent immédiatement Versailles, et d'isoler ainsi du premier coup Saint-Cyr
et le Bois-d'Arcy. Poussée avec vigueur, cette pointe pouvait
amener l'occupation rapide du bois des Gonards et de la ville
de Versailles, assurer l'investissement du Haut-Buc, et donner
bientôt accès sur le plateau même de Châtillon. Peu redoutable
en face d'une armée nombreuse et solide, l'opération aurait

pu, dans l'éventualité de conditions analogues à celles de 1870 au point de vue du nombre et de la qualité des troupes de la garnison, annihiler la plupart des avantages du système de défense étendue. La construction du fort de Bouviers, complété par les Batteries de Satory, répare ce défaut de la cuirasse. Croisant efficacement ses feux avec Saint-Cyr d'une part, avec le Haut-Buc et les Batteries intermédiaires de l'autre, il balaie de concert tout l'espace découvert en avant du ravin initial de la Bièvre. Les Batteries du plateau de Satory, qui forment, en deçà du ravin initial de la Bièvre, une deuxième ligne intermédiaire, soutenant puissamment le Haut-Buc et Bouviers, sont au nombre de trois : la Batterie des Docks au-dessus du ravin des Gonards, la Batterie du Désert commandant la route de Versailles à Chevreuse, et celle du Ravin, plus rapprochée de Bouviers.

Le groupe de Saint-Cyr présente donc sur le plateau, contre un ennemi venant de Néauphle, de Rambouillet, de Chevreuse ou de Gif, des conditions excellentes de résistance. Quant au flanc du saillant entre le Bois-d'Arcy et la ville de Versailles, l'escarpement du plateau sur la plaine du Rû de Gally lui constitue une protection naturelle déjà sérieuse. Les batteries du fort du Bois-d'Arcy battent le pied des pentes jusqu'au village de Saint-Cyr; la Batterie de la station de Saint-Cyr, située dans la partie haute de ce village, qu'il est d'ailleurs aisé d'organiser défensivement contre une attaque partie de la plaine, puis les batteries du moment qu'il sera facile de dresser sur les crêtes de Satory, donnent à ce flanc d'un développement du reste assez restreint — 8 à 9 kilomètres — une sécurité parfaite.

La ville de Versailles, dont la possession est essentielle au complément du plan de défense, ne saurait être non plus sérieusement menacée. Le groupe de Saint-Cyr, le Haut-Buc et les ouvrages de Satory ne permettent pas de l'aborder du côté du plateau. La fortification des hauteurs de Marly, qui dominent au nord la plaine du Rû de Gally, le parc et les abords de la ville, la garantissent contre une attaque partie de Saint-Germain ou de Poissy. L'ennemi ne peut donc y avoir accès qu'en remontant la plaine du Rû de Gally. Mais la plaine, très large d'abord, se rétrécit à la hauteur du Bois-d'Arcy et se resserre encore davantage à mesure qu'on approche de Versailles. Une redoute, dite Batterie du Rû de Gally, élevée dans la plaine à 1 kilomètre et demi en avant du village de Saint-Cyr, balaiera de ses feux les routes de Mantes et de Dreux. L'ennemi qui aurait pénétré jusque-là, serait en outre en butte aux feux d'écharpe du fort du Bois-d'Arcy, de la Batterie de la station de Saint-Cyr d'une part, du fort de Noisy-le-Roi et des batteries de la crête sud du plateau de Marly de l'autre. Il suffirait, par conséquent, de quelques travaux de fortification passagère, épaulements de batteries de campagne et système d'abris pour l'infanterie à la lisière du parc de Versailles, pour fermer le rentrant et rendre absolument inabordable l'espace ras et plat que l'ennemi devrait parcourir avant de s'introduire dans le parc. Y eût-il même pénétré, que la superbe position du château opposerait un obstacle difficilement accessible à un ennemi pris en flanc et à revers par le feu croisé des batteries de gros calibre des hauteurs dominantes.

La position de Saint-Cyr ne possède pas, à la vérité, au point de vue des avantages naturels du terrain, des propriétés défensives égales à celles du groupe de Palaiseau. On peut, dans une certaine mesure, la considérer comme le point relativement faible du camp retranché du sud. Tandis que le fossé de l'Yvette garantit le groupe de Palaiseau contre une attaque directe partie du front normal de la ligne obligée d'investissement au sud, l'ennemi pourrait venir de plain-pied sur le plateau, jusqu'aux glacis du fort Saint-Cyr et de ses annexes. Mais cette infériorité, appréciable dans l'hypothèse d'une défense purement passive, est largement compensée par les avantages inestimables que la place d'armes, constituée par l'ensemble des ouvrages de l'angle sud-ouest du plateau, assure à la défense offensive. Nous reviendrons plus loin sur cette considération. Il serait toutefois inexact d'admettre que la prise des forts du groupe de Saint-Cyr puisse être, même dans l'éventualité d'une défensive réduite à la passivité, une entreprise aisée et susceptible d'un prompt succès. La nappe d'eau de l'étang de Saint-Quentin couvre précisément le saillant contre lequel des approches régulières pourraient être dirigées avec le plus de facilité, c'est-à-dire la face du grand fort la moins efficacement flanquée par le feu de ses annexes de Bouviers et du Bois-d'Arcy. Les trois ouvrages se soutiennent donc mutuellement assez bien pour que, avant d'en venir à l'établissement de batteries de brèche, l'assaillant soit forcé de passer par de pénibles et très longs préliminaires.

Il est vrai qu'un ennemi fortement établi sur le plateau, au nord de la vallée de Chevreuse, ne rencontrerait peut-être pas d'aussi puissants obstacles s'il s'attaquait de préférence aux deux forts intermédiaires qui relient le groupe de Saint-Cyr au groupe de Palaiseau. Le premier, en partant de Saint-Cyr, le fort du Haut-Buc, se dresse sur un léger renflement du plateau, en avant du vallon de la Bièvre; le deuxième, celui de Villeras, s'élève de même, à peu de distance du talus du vallon. Le front sud de ce dernier est couvert par l'étang de Saclay. Ces deux ouvrages sont considérables l'un et l'autre. Ils ont en face d'eux, dans les champs découverts qui s'étendent entre la dépression de la Bièvre et celle de l'Yvette, un admirable champ de tir. La proximité du profond vallon de la Bièvre ne permet pas contre eux une attaque régulière à revers. L'assaillant serait forcé de pousser directement ses cheminements contre le front sud. Néanmoins, ces avantages sont compensés par le flanquement très imparfait des deux forts assez éloignés l'un de l'autre (4 kilomètres) et de chacun des deux groupes d'angle, pour que l'assaillant n'ait pas trop à souffrir en poussant directement contre l'un d'eux ses tranchées et ses parallèles. L'entreprise ne laisserait cependant pas d'être longue et difficile. La portée, la puissance et la précision de l'artillerie moderne ont eu pour effet d'annihiler les vieilles places, mais elles donnent par contre une supériorité défensive décidée aux places et aux forts nouveaux, conçus en vue de l'artillerie nouvelle et pourvus eux-mêmes de pièces perfectionnées. Il faudrait désormais ouvrir la tranchée à des distances relativement énormes, et l'expérience ayant prouvé l'inutilité des canonnades à longue portée contre les ouvrages casematés, les longueurs et les délais classiques par lesquels il fallait passer jadis avant d'en venir à l'assaut, seraient nécessairement plus prolongés encore. Aussi, même dans l'hypothèse où nous nous plaçons — celle de Paris réduit à se défendre pied à pied, — la résistance des forts du Haut-Buc et de Villeras doit-elle être considérée comme susceptible de se prolonger longtemps, assez longtemps assurément pour que la défense ait le loisir d'élever, dans l'intervalle, sur les crêtes nord du vallon de la Bièvre, des ouvrages capables d'arrêter, à leur tour, l'ennemi et de le forcer à passer de nouveau par toutes les lenteurs d'un siège, avant de s'établir solidement sur le plateau de Châtillon, en face du grand réduit fortifié de Fontenay-Châtillon, qui lui interdirait encore l'accès des crêtes dominant Paris!

Un coup d'œil jeté sur la carte permet toutefois de se convaincre que le système de défense du front sud serait incomplet et gravement défectueux, si l'ennemi pouvait tourner la position centrale, négliger le saillant du plateau et cheminer sans obstacles sur les hauteurs qui se dressent entre Versailles, Saint-Germain et le cours de la Seine, en aval de Paris. Il est clair qu'un ennemi maître comme en 1870 de ces hauteurs occuperait promptement les crêtes de Saint Cloud, se logerait dans Versailles et couronnerait bientôt Bellevue et Meudon, prenant ainsi à revers tout le système des forts du sud. Nous avons indiqué déjà qu'on a pourvu à ce danger en fortifiant le plateau de Marly, qui s'interpose entre Versailles, Saint-Germain et le cours de la Seine.

Il a été question plus haut, dans l'étude consacrée à la défense du front de la Basse-Seine, du projet qui englobait Saint-Germain et la forêt entière de Marly dans la ligne des forts ; nous avons indiqué les motifs qui ont fait écarter ou du moins ajourner la réalisation de ce projet, qui comportait, on ne l'a pas oublié, l'érection de deux forts importants à Saint-Jammes et à Aigremont. Nous prions le lecteur de se reporter à ce chapitre. Il ne nous reste maintenant qu'à décrire les ouvrages édifiés en vue d'interdire à l'ennemi l'accès du terrain compris entre Versailles et le Mont-Valérien.

Cet espace, massif montueux de collines qui offrit aux Allemands de si redoutables positions en 1870, se rétrécit à la hauteur de Versailles, se régularise et s'allonge en chaîne orientée au nord-ouest parallèlement à la vallée de la Seine en aval de Poissy. C'est la crête sud de cette chaîne qui borde la plaine du Rû de Gally et se montre à l'horizon sous l'aspect d'une longue terrasse couronnée de bois épais, bornant les vues de l'observateur placé sur les bords du plateau, à Saint-Cyr, à Satory ou sur les glacis du fort du Bois-d'Arcy. Versailles est à 2 kilomètres à peine de distance sous le commandement des crêtes de la chaîne. De ces crêtes aux bords de la Seine, entre Bougival et le Pecq, il n'y a pas plus de 4 à 5 kilomètres. C'est l'espace que la défense devait barrer.

La disposition des lieux a rendu la tâche assez aisée. L'arête de la chaîne de hauteurs, fort étroite entre Versailles et l'origine du ravin qui descend sur la Seine à Bougival, s'élargit immédiatement après et s'épanouit en plateau, pour s'étrangler et se rétrécir de nouveau à une lieue plus loin. Ce petit plateau, de 3 kilomètres de long sur 2 et demi de large, tombe au nord en pentes escarpées sur la Seine, domine Versailles au midi, tandis qu'un ravin profond, celui de l'Étang-la-Ville, l'échancre à l'ouest et le protège par ses pentes rapides contre un ennemi qui viendrait de Saint Germain ou de Poissy. Le sommet du plateau forme une jolie plaine découverte, enceinte de toutes parts d'un cercle épais de bois couvrant toutes les pentes. L'ancien parc royal et la petite ville de Marly couvrent l'un des versants tournés vers la Seine; l'aqueduc fameux de Marly dresse ses piliers énormes sur un promontoire surplombant la Seine; une belle croupe découverte se prolonge au nord vers Saint-Germain qui en est séparé par une dépression profonde; à l'ouest enfin une sorte d'isthme, très étranglé mais de même niveau que les crêtes, rattache le plateau au prolongement de la chaîne que recouvrent au loin les futaies de la grande forêt de Marly.

Telle est, succinctement décrite, la position qui a été occupée et fortifiée, de manière à commander Versailles et la plaine du Rû de Gally d'une part, les abords de Saint-Germain de l'autre, et à interdire à l'ennemi l'accès des hauteurs voisines de Bougival et du Mont-Valérien.

C'est sur la partie découverte du plateau, vers la lisière de la forêt, à quelques centaines de pas à l'ouest de la ferme du Trou d'Enfer, qu'a été construit le principal fort du groupe de Marly. C'est un puissant réduit qui maîtrise la plaine haute comprise entre les bois, couvre le chemin de Saint-Germain à Versailles, et interdit de se loger sur le plateau lui-même. Le grand fort a pour annexes immédiates les Batteries de Noisy-le-Roi et de la Vauberderie. La Batterie de Noisy s'élève sur le rebord même de la crête dominant la plaine du Rû de Gally, immé-

diatement au-dessus du village de Noisy-le-Roi. Cet ouvrage
jouit de vues très étendues sur la plaine et croise ses feux avec
le fort du Bois-d'Arcy, auquel il est exactement symétrique.
A quelques centaines de mètres au nord de la Batterie de
Noisy, à la naissance du ravin de l'Étang-la-Ville, c'est-à-dire
sur le rebord opposé de la crête étranglée qui relie le plateau
de Marly à la forêt proprement dite, se trouve la deuxième
annexe. C'est la Batterie de la Vauberderie. Ses canons
tiendront sous leur feu toutes les pentes du vallon et comman-
deront le débouché du tunnel du chemin de fer de grande
ceinture. Les deux ouvrages, combinés avec le fort principal,
ferment l'accès du plateau à un ennemi qui se serait logé dans
la forêt de Marly. Diverses batteries ou forts secondaires
complètent la défense de la position contre un ennemi venant
de Saint-Germain, soit directement, soit par les bords de la
Seine. Ce sont les Batteries du Champ de Mars et de Marly,
qui contribuent, avec celle de la Vauberderie, à battre les
abords du plateau du côté de l'Étang-la-Ville; celles de la
Glacière, des Réservoirs et des Arches qui dominent le bourg
de Marly, tous les abords de Saint-Germain, et les pentes
tournées vers la Seine. Ces Batteries, qui pourront être
soutenues en arrière par des ouvrages du moment les reliant
au Mont-Valérien, interceptent toutes les routes de Saint
Germain à Versailles, interdisent à l'ennemi l'usage des
chemins qui courent entre la Seine et le pied des pentes, et
commandent enfin de l'autre côté du fleuve une portion
notable de la presqu'île d'Argenteuil.

Les ouvrages essentiels du plateau de Marly ont le défaut
d'être à trop grande proximité des bois. L'ennemi peut, par
conséquent, s'en approcher à couvert, ce qui est un avantage
évident pour l'assaillant. Toutefois, le peu de développement
du plateau, la médiocre étendue du périmètre de défense et la
nature tourmentée du terrain aux abords, rendent la défense

facile et opposent de très sérieux obstacles au siège régulier du groupe des forts de Marly. On peut donc considérer comme désormais inabordable l'espace que l'on se proposait de couvrir. Il convient de remarquer aussi que dans l'hypothèse même d'une attaque conduite avec succès contre le grand réduit et ses annexes de la Vauberderie et de Noisy-le-Roi, la durée normale de la résistance suffirait, comme au Haut-Buc et comme à Villeras, pour permettre à la défense d'élever en arrière, sur les belles positions où M. Thiers voulait placer les forts du système restreint, une seconde ligne d'ouvrages non moins difficiles et non moins longs à forcer.

Mais il nous paraît superflu d'insister plus longtemps sur l'efficacité purement défensive du nouveau camp retranché du sud. La perfection à cet égard ne suffirait pas à justifier la préférence donnée au système étendu. C'est en vue de l'offensive, c'est en vue de la rentrée en ligne d'une armée momentanément réfugiée sous Paris, c'est en vue de la reprise la plus prompte possible des opérations en rase campagne, qu'a été conçu et exécuté le nouveau plan de fortification de la rive gauche de la Seine. Examinons donc dans quelles conditions se présenterait désormais le problème de la sortie d'une armée parisienne débouchant par les intervalles de la ligne des forts du sud.

Une observation préliminaire est essentielle. L'armée allemande de blocus, en 1870, n'employa jamais moins de l'équivalent de quatre corps d'armée sur cette section des lignes de circonvallation. Il faut noter, en outre, que ces quatre corps d'armée occupaient contre Paris les formidables positions de Châtillon, de Meudon, de Saint-Cloud, de la Celle-Saint-Cloud et de Bougival. Or, la ligne ainsi garnie ne dépassait pas 28 kilomètres de développement, comptés du Pecq-Saint-Germain jusqu'à Choisy-le-Roi. Aujourd'hui, le front d'investissement, sur la rive gauche de la Seine, ne serait pas de moins de 50 kilomètres! Il ne pourrait partir, en effet, que d'un point en amont de Juvisy sur la Seine, passer ensuite par Longjumeau, Orsay, Saint-Aubin, Trappes, les Clayes, Villepreux, Saint-Nom-de-la-Bretèche et Fourqueuse, pour aboutir enfin à Saint-Germain. Pour border et garnir, dans des conditions semblables à celles de 1870 ce front démesuré, l'ennemi devrait y consacrer plus de sept corps d'armée!

L'étude que nous avons faite de la topographie de la région au sud de Paris conduit vite à diviser le front en trois secteurs distincts au point de vue de la rentrée en campagne d'une armée française débouchant par les routes de Paris vers l'Ouest ou vers la Loire. Le premier de ces secteurs naturellement indiqués est celui de la plaine de la Seine, entre Villeneuve-Saint-Georges et Palaiseau; le deuxième, celui du plateau central entre Palaiseau et Saint-Cyr; le troisième enfin, celui de la plaine du Rû de Gally, entre le Bois-d'Arcy et les ouvrages de la crête sud de Marly. Nous négligeons le secteur compris entre les ouvrages de Marly et Saint-Germain, l'épaisse forêt de Marly, longue de 10 kilomètres, s'opposant à tout mouvement en masses le long des crêtes de la chaîne de collines. L'assiégeant, toutefois, ne pourrait dégarnir impunément ce secteur, favorable à des diversions qu'on pourrait, selon l'occurrence, pousser à fond.

Mais, abstraction faite de ce secteur secondaire de Marly, le contraste est vraiment saisissant entre la situation qui fut faite, en 1870-71, à l'armée de Paris confinée soit au pied du Mont-Valérien, soit autour des forts de Montrouge, de Vanves, d'Issy, sur les bas gradins de l'amphithéâtre, forcée pour se déployer d'escalader de front, sous des feux plongeants, les terrasses garnies de canons de Buzenval, de Méudon, de Châtillon, de Fontenay, et la situation prodigieusement différente qui serait désormais celle de l'armée parisienne, libre de se concentrer ou de se déployer à sa guise, soit à l'intérieur du vaste saillant sur le plateau, soit dans les deux grandes plaines adjacentes. Plus d'étroits défilés à franchir sous les vues de l'ennemi; plus d'escarpements à gravir; plus de dédale de parcs, de bois, de murs crénelés, de villages retranchés, de couverts, de massifs, de crêtes culminantes, contre lesquels se brisait, à quelques portées de fusil des vieux forts, l'élan le plus vigoureux de nos soldats! Sur tout le front, des espaces découverts, des plaines pour ainsi dire rases, des champs de manœuvre immenses s'ouvriraient désormais devant l'armée de sortie.

Il n'y aurait pourtant point de parité absolue entre les trois secteurs que nous avons indiqués. Le débouché par la plaine de la Seine, le long des routes directes de Fontainebleau et d'Orléans, serait stratégiquement le plus fécond. L'ennemi battu en avant de ce secteur, perdrait en effet instantanément ses ponts sur le fleuve et ses lignes de communication avec l'Allemagne. Son échec serait gros d'un désastre. Au point de vue tactique cependant, le choix de cette direction d'attaque ne serait peut-être pas le plus avantageux. L'ennemi, que nous supposons déployé sur l'immense ligne de blocus indiquée plus haut, borderait la rive droite de l'Yvette; il occuperait, au débouché de la vallée de Chevreuse, le promontoire de hauteurs qui fait face à celui de Palaiseau, et il y trouverait, en même temps qu'un puissant appui pour son aile gauche, un excellent poste d'observation. L'armée de sortie ne pourrait se concentrer et se mettre en mouvement dans la plaine sans être aperçue et comptée. L'ennemi aurait enfin derrière l'Yvette et l'Orge une bonne ligne de bataille, d'autant meilleure qu'elle ne laisserait pas plus de 8 kilomètres de plaine entre la Seine et les escarpements du plateau. L'attaque, certes, pourrait réussir, surtout si elle était combinée avec un mouvement énergique sur la rive droite de la Seine, par un corps d'armée débouchant de Villenéuve

Saint-Georges et de Montgeron. Il est incontestable néanmoins
que, grâce au rétrécissement de la plaine à la hauteur du
confluent de l'Yvette et de l'Orge, ce champ de bataille serait
relativement avantageux à l'armée d'investissement.

C'est sans doute cette considération qui a inspiré à la
Direction du génie français l'idée qui n'est peut-être pas
encore abandonnée d'occuper par un fort la position d'Épinay-
sur-Orge, de manière à interdire à l'ennemi l'entrée de la
plaine entre Villeneuve-Saint-Georges et Palaiseau, mais
surtout afin d'assurer à l'armée de sortie le libre débouché
dans les vastes espaces qui s'ouvrent entre la Seine jusqu'à
Corbeil et la ligne des crêtes, vers Montlhéry et Arpajon.

L'offensive, en avant du front des deux autres secteurs
envisagés, est infiniment moins malaisée. Qu'on débouche
sur le plateau, droit à la vallée de Chevreuse et au chemin
de Chartres, ou qu'on dirige le principal effort en avant de
Versailles, par les routes de la plaine du Rû de Gally, vers
Mantes, Évreux ou Dreux, la topographie des lieux assure à
l'armée de Paris des avantages absolument décisifs. Le premier
avantage — on le doit à la détermination hardie de porter la
ligne des forts du plateau au delà de la coupure transversale
de la Bièvre, — c'est de pouvoir masser une armée formidable
dans ce colossal chemin couvert creusé par la nature, de lui
permettre d'y prendre ses formations de bataille, absolument
soustraite aux vues de l'ennemi, et d'apparaître brusquement
sur le plateau, débouchant sur 15 kilomètres de front, entre
les intervalles des forts de Palaiseau, de Villeras, du Haut
Buc et de Saint-Cyr. Cet avantage est capital. L'ennemi ne
pourrait évidemment tenir sur l'immense glacis balayé par les
feux des forts et serait rejeté en un clin d'œil dans la vallée
de Chevreuse. Les berges méridionales de cette vallée lui
offriraient sans doute de bonnes positions défensives dans
la partie du secteur voisine de Palaiseau; mais la direction

oblique du cours de l'Yvette laisserait en l'air son centre et
sa gauche sur le plateau. Les colonnes françaises débouchant
à la fois du Haut-Buc et de la position de Saint-Cyr, le long
de la route et du chemin de fer de Chartres, tourneraient tous
les obstacles naturels, et aborderaient en masse un ennemi
forcé, par l'étendue de sa ligne, de ne présenter qu'un cordon
relativement mince de troupes en bataille.

La faiblesse de la ligne d'investissement en face du troisième
secteur — celui de la plaine du Rû de Gally — serait forcément
encore plus irrémédiable. La plaine nue s'élargit à mesure
qu'on s'éloigne de Versailles, et les corps d'armée parisiens,
dissimulés aux vues de l'ennemi par les couverts du parc,
seraient en mesure de déboucher aussi inopinément que ceux
qui surgiraient sur le plateau des bas-fonds du vallon de la
Bièvre. Une action combinée par le plateau, aux débouchés du
Haut-Buc et de Saint-Cyr, et par la plaine entre le Bois-d'Arcy
et les forts des crêtes de Marly, serait sans doute irrésistible.
L'armée, du premier élan, atteindrait la rase campagne. Le
résultat serait une question de valeur, de nombre et de bon
commandement. Or, tandis que l'ennemi, eût-il les sept corps
d'armée nécessaires pour garnir, dans les conditions de 1870,
les 50 kilomètres du nouveau cercle d'investissement, ne
pourrait, en raison des distances, en concentrer plus de trois
sur le secteur menacé, l'armée française d'opérations, même
composée de cinq ou six corps seulement, ne serait pas moins
en mesure de faire effort, sur le secteur donné, avec une
supériorité écrasante. Cent cinquante mille hommes, par
exemple (cinq corps d'armée), débouchant avec leurs cinq
cents pièces de canon sur le front de 20 kilomètres compris
entre le fort de Villeras et le pied des hauteurs du bois de
Marly, ne rencontreraient certainement pas devant eux, dans
l'hypothèse même où nous nous plaçons, plus de quatre-vingt
mille hommes avec une artillerie inférieure de moitié à celle

que l'armée de sortie mettrait immédiatement en jeu. Cette
considération même ne donne pas une idée suffisante des
avantages décisifs que nous assure la nouvelle fortification
du front sud. Une analyse succincte des forces indispensables
à l'investissement du nouveau camp retranché nous mon-
trera effectivement tout à l'heure que l'éventualité de la
concentration de sept corps d'armée ennemis, sur le front
sud de Paris, peut être considérée désormais comme absolument chimérique, du-moins dans l'hypothèse d'une guerre
défensive contre l'Empire allemand, étant données les forces
militaires dont il dispose à l'heure où nous écrivons. C'est la
démonstration que nous nous proposons de compléter dans le
chapitre qui va suivre.

# CHAPITRE X

Le chemin de fer de grande ceinture. — Cercle d'investissement du nouveau camp
retranché Parisien. — L'armée régulière allemande y suffirait-elle? — Garnison
nécessaire à la défense de Paris. — Possibilité de la former sans avoir recours à
l'armée active de première ligne. -- Expérience de 1870. — Solidarité entre la fortification nouvelle de Paris et la nouvelle organisation militaire de la France. — Loi de
recrutement. — Les corps d'armée et les régions. — Cadres et effectifs. — Troupes
de seconde ligne et armée territoriale. — Comparaison avec l'organisation allemande.
— Les réserves de quatre régions suffiraient à la défense de Paris.

Nous avons terminé notre voyage autour du périmètre des
nouvelles fortifications de Paris. Nous nous sommes efforcé
de décrire la topographie du terrain qu'elles embrassent et
de celui qu'un assaillant devrait forcément occuper dans
l'éventualité d'un nouveau siège; nous avons étudié la
position, la force, l'importance relative et la fonction propre
des divers ouvrages qui constituent la ceinture nouvelle de
l'immense camp retranché Parisien; nous avons comparé
front par front la situation de la défense en 1870-71 et celle
qui résulterait des créations nouvelles. Quelques brèves
indications suffiront pour compléter notre tâche en ce qui
concerne l'œuvre proprement dite de fortification.

Indépendamment des forts, des batteries et des autres
ouvrages fermés et casematés, la défense de Paris comportera
l'occupation d'un certain nombre de points intermédiaires par
des ouvrages de fortification passagère destinés à soutenir,
à flanquer ou à relier entre elles les positions régulièrement

fortifiées. Les emplacements de ces ouvrages sont dès à présent étudiés, choisis, repérés; les plans sont dressés, et il n'y aurait, en cas de besoin, qu'à réunir un nombre suffisant de travailleurs pour les élever et les mettre en peu de jours en état de recevoir leur armement.

Les voies d'accès aux divers forts, leurs communications latérales et leurs communications en arrière, ont été assurées avec le plus grand soin. Divers chemins stratégiques ont été ouverts afin de faciliter les concentrations de troupes et tous les mouvements préparatoires qui précèdent nécessairement une grande sortie. Les nombreuses voies ferrées qui rayonnent par tous les secteurs de l'enceinte de Paris, assurent des moyens de rapide communication du centre aux points essentiels de l'enceinte extérieure. Enfin, un chemin de fer dit de « Grande ceinture », tracé un peu en deçà de la ligne des nouveaux forts, donnera à la défense l'avantage précieux de mettre en communication presque immédiate les divers fronts du camp retranché qui, pour l'assiégeant, seront distants de plusieurs journées de marche.

Il résulte, en effet, des études successives auxquelles nous venons de nous livrer, que le cercle d'investissement autour de Paris, calculé en admettant la même distance moyenne de la ligne des forts qui fut observée par les Prussiens en 1870-71, ne serait pas inférieur à près de 160 kilomètres. Les lignes allemandes de 1870 n'en atteignaient pas 80. Or comme il est acquis que pour garnir convenablement ses lignes de blocus, l'État-major allemand n'employa jamais moins de huit à neuf corps d'armée, on doit nécessairement conclure que l'investissement du nouveau Paris fortifié, pour être assuré dans des conditions analogues à celles de 1870-71, n'exigerait pas moins de dix-sept corps d'armée.

Dix-sept corps d'armée! C'est la force de l'armée régulière allemande presque tout entière. Cette armée se compose précisément de dix-sept corps d'armée, plus la garde royale prussienne, qui en constitue un dix-huitième. Encore y a-t-il lieu de considérer que le nouveau camp retranché de Paris serait moins solidement et moins sûrement bloqué par dix-sept, même par dix-huit corps d'armée, que le vieux camp de 1840 ne le fut par une force de huit à neuf corps. Au point de vue des avantages du terrain, les rôles seraient absolument intervertis. Les positions dominantes, les formidables lignes de crêtes qui permettaient en 1870 aux assiégeants de garnir efficacement certains fronts avec peu de troupes, seraient désormais aux mains de la défense. C'est à travers de vastes plaines nues, commandées par les positions des assiégés, que l'assaillant devrait le plus souvent tracer ses lignes; et sur ces lignes, il ne pourrait déployer qu'un cordon relativement fort mince. On peut en juger aisément, par un calcul très simple, en se souvenant que selon les règles ordinaires de la tactique, le front normal de bataille d'un corps d'armée déployé ne dépasse pas 4 kilomètres. Dans notre hypothèse, chaque corps d'armée en devrait garnir plus de huit. Ajoutons que la courbure de l'arc de chaque grand secteur du périmètre du camp retranché étant devenue, par suite du développement immense de la circonférence, pratiquement insensible, l'assiégeant perdrait l'avantage des feux concentriques si redoutables à toute armée confinée dans un cercle de médiocre étendue. L'énormité des distances à parcourir rendrait enfin illusoire l'appui mutuel des forces réparties sur les divers fronts de circonvallation. Les forces de l'armée de blocus, au nord, pourraient être attaquées, rompues et rejetées loin de Paris, bien au delà de Meaux, même de Château-Thierry, avant que les troupes postées à la hauteur de Versailles eussent achevé de repasser la Seine aux ponts de Corbeil pour venir au secours des corps d'armée battus et couvrir avec eux les lignes de communication vers la frontière allemande!

Le lecteur, en présence de l'étendue de cette fortification colossale et des effectifs prodigieux qu'il faudrait
déployer pour en former le simple investissement, est sans
doute conduit, sous l'impression de ces chiffres énormes, à
penser que cet avantage du camp retranché parisien a sa
contre-partie dans la nécessité d'immobiliser pour sa défense
un nombre démesuré de soldats. Eh bien! cette conclusion
serait absolument erronée. C'est l'admirable originalité, la
supériorité décisive et l'éclatante justification de la conception
qui a fait de la capitale la grande place d'armes et le
boulevard de la patrie, que la défense de Paris puisse être
assurée sans distraire un seul homme des dix-neuf corps
d'armée de ligne que la nouvelle organisation militaire permet
de mobiliser et de déployer en rase campagne.

Une semblable assertion aurait été jadis taxée de paradoxe.
Les auteurs de la fortification de 1840 n'avaient jamais
imaginé Paris se défendant sans le concours des régiments
réguliers de l'armée active. L'épreuve de 1870-1871 a fourni
la démonstration péremptoire, irrésistible, que le prétendu
paradoxe était une réalité parfaitement pratique. Il est en effet
aisé de prouver, à la lumière de cette expérience décisive, ·
glorieuse quoique cruelle, qu'il n'entre dans cette affirmation
rien d'hypothétique ni d'imaginaire.

Le 4 septembre 1870, au moment où l'armée allemande
victorieuse à Sedan s'ébranlait et tournait ses têtes de colonne
vers Paris, l'armée active française à peu près tout entière
était bloquée ou prise. Plus du tiers de nos forces régulières
avait capitulé à Sedan; le reste était à Metz, sous Bazaine.
Les seules épaves qui surnageaient dans ce naufrage étaient, en
fait d'infanterie, quatre régiments encore stationnés en Afrique,
deux en route revenant d'Italie. L'artillerie, la cavalerie, le
génie avaient disparu dans les mêmes proportions. Les deux
régiments de ligne de la brigade d'occupation de Rome (35e

et 42ᵉ) arrivèrent à Paris avant l'investissement. Ils y représentèrent à eux seuls l'armée active! Le département de la marine, qui avait perdu à Sedan les douze bataillons actifs de ses quatre régiments d'infanterie de marine, fournit néanmoins douze mille canonniers ou fusiliers matelots, sous le commandement d'officiers de vaisseau, et trois ou quatre mille fantassins et artilleurs provenant de quelques compagnies d'infanterie non mobilisées au début de la campagne et du régiment d'artillerie de la marine. C'étaient d'excellentes troupes qui, unies aux quatre mille hommes de la brigade de Rome, composaient le total malheureusement dérisoire des forces régulières.

A ce noyau s'ajoutaient une soixantaine de bataillons d'infanterie, les uns formés, les autres en voie de formation, qu'on achevait de grouper en régiments de marche. Ces bataillons provenaient du dédoublement des compagnies de dépôt. C'est dire que leurs cadres d'officiers et de sous-officiers, improvisés pour plus de la moitié, étaient incomplets et insuffisants, incohérents et mal soudés. Quant aux hommes, c'était un amalgame inconsistant de soldats de la deuxième portion du contingent, à peine dégrossis par quelques mois de service, de conscrits appelés de la veille, de volontaires sans instruction militaire, et d'anciens soldats tirés tout à coup, au lendemain des désastres, de la vie civile où ils étaient rentrés depuis des années après libération et congé définitifs. L'artillerie et la cavalerie étaient composées d'une façon analogue. Le tout joint à un certain nombre de groupes plus ou moins constitués, petits dépôts, fuyards ralliés, etc., etc., formait une masse encore confuse de quatre-vingt mille hommes dont le quart tout au plus était suffisamment organisé pour faire quelque figure devant l'ennemi.

Puis venait la garde nationale mobile. Elle comprenait vingt-cinq mille mobiles de la Seine et environ cent mille mobiles des départements appelés à Paris dans l'intervalle

qui s'était écoulé entre les derniers jours d'août et l'avant
veille de l'investissement. La garde nationale mobile n'avait
pas même été, avant la guerre, complètement organisée sur
le papier. Elle n'avait, au mois de juillet, dans la plupart
des départements, qu'une existence purement nominale. Les
soldats, les caporaux et les sous-officiers, tous jeunes gens
de vingt à vingt-cinq ans, n'avaient jamais servi, n'avaient
jamais été ni instruits, ni exercés, ni même dégrossis. La
majeure partie des officiers subalternes, même des chefs de
compagnie, étaient, en matière militaire, aussi novices, aussi
ignorants que leurs sous-officiers et leurs soldats. Beaucoup
des officiers supérieurs se trouvaient dans le même cas.
Ajoutons qu'à la date du 4 septembre, les bataillons de
gardes mobiles n'avaient pas encore été réunis dans certains
départements; nulle part d'ailleurs, si ce n'est dans la Seine,
ils n'avaient été pourvus ni de vêtements militaires, ni
d'équipements convenables, ni même d'armes et de munitions.
La plupart des régiments de province, sinon tous, arrivèrent
à Paris, en blouse, et munis d'antiques mousquets à silex
transformés en fusils à piston vers 1840. En un mot, cette
fleur de la jeunesse française ne constituait, aux débuts
du siège, qu'une réserve de forces vives, précieuse assurément,
mais encore inutilisable. La même observation s'applique
à la garde nationale sédentaire de Paris. Elle renfermait
d'admirables éléments, mais aucun d'eux n'avait encore pris
forme organique.

C'est dans ces conditions que commença le siège. Et il
suffit de quinze mille bons soldats répartis dans les forts,
appuyés par les trente ou quarante mille hommes des
régiments de marche à peine organisés, qui constituaient
l'effectif réellement en état de combattre, pour arrêter, pour
retenir, pour enchaîner au pied de la ligne extérieure de
défense de, Paris la grande armée allemande ivre de son

triomphe de Sedan! Deux cent quarante mille soldats
prussiens, des meilleures troupes du monde, traînant avec
eux plus de sept cents pièces de canon, commandés par M. de
Moltke, s'immobilisèrent, réduits à un blocus passif, devant
ce périmètre de près de 80 kilomètres de développement
défendu par une foule armée qui en rase campagne n'aurait
pas tenu devant eux plus longtemps que la paille éparse ne
tient devant le souffle du vent du nord! Et, à mesure que le
siège se prolongeait, l'équilibre des forces se déplaçait au
profit des assiégés. Si bien, qu'au 30 novembre 1870, cent
mille hommes sortis de Paris, mobiles et bataillons de
marche, allaient chercher l'ennemi sur les formidables
positions qu'il avait retranchées à loisir, se ruaient sur lui
et le forçaient à soutenir une lutte acharnée, pour retenir la
victoire près de lui échapper! Paris, enfin, malgré l'imper-
fection flagrante de sa fortification déjà surannée, tint durant
quatre mois et demi, sans garnison régulière, sans armée
de défense préalablement organisée, et ne succomba, après
une dernière agression héroïque contre l'assiégeant, que sous
l'étreinte de la famine!

Ce sont là des faits; ce sont là des données expérimentales.
C'est sur ces faits et ces données que nous baserons nos
déductions. Si le camp retranché Parisien a pu paralyser, en
1870-71, au moyen d'une garnison de troupes presque toutes
improvisées, une immense armée d'invasion, — à plus forte
raison le nouveau camp retranché, muni d'un nombre relativement restreint de troupes solides, soutenues elles-mêmes
par les forces de seconde ligne de notre nouveau système
militaire, non plus tumultuairement improvisées comme en
1870, mais bien organisées de longue main, — à plus forte
raison, disons-nous, le nouveau camp retranché Parisien
paralyserait-il, le cas échéant, devant un périmètre plus que
doublé depuis 1870, une armée ennemie double de celle

qu'il tint immobile, sous ses forts et ses redoutes, de la mi-septembre 1870 jusqu'aux derniers jours de janvier 1871!

Il n'est pas difficile, à la lumière de ces précédents, d'évaluer avec une approximation suffisante l'importance numérique des troupes indispensables à la défense du nouveau Paris fortifié, abstraction totalement faite de toute armée d'opérations momentanément campée sous la protection du camp retranché. Nous pouvons dès à présent poser comme un fait acquis que les garnisons fixes de la nouvelle ligne des forts extérieurs ne dépasseront point, n'atteindront même pas l'importance numérique des garnisons des anciens forts. C'est une des supériorités de la fortification nouvelle, d'obtenir de puissants effets avec des moyens en apparence restreints. Le choix judicieux du terrain, le type perfectionné des ouvrages, la portée, la justesse, la puissance extraordinaire de l'artillerie qui les arme, assurent aux nouveaux forts extérieurs de Paris malgré leurs proportions modestes, une efficacité militaire incomparablement supérieure à celle des vieux forts de 1840. Le fort de Saint-Cyr, par exemple, l'un des plus considérables parmi les nouveaux ouvrages, sera muni de soixante pièces de gros calibre, capables de porter avec précision des obus d'un poids énorme à plus de 8 kilomètres de distance, et ne nécessitera néanmoins qu'une garnison fixe de douze cents hommes. Les sept grands forts (Saint-Cyr, Palaiseau, Villeneuve-Saint-Georges, Vaujours, Domont, Cormeilles et Marly) exigeraient donc huit mille quatre cents hommes. En admettant une moyenne de six cents hommes pour les forts de deuxième ordre (Haut-Buc, Villeras, Villiers, Chelles, Garges, Écouen, Montmorency, Montlignon), soit quatre mille huit cents hommes de plus, et trois cents hommes environ par fortin ou Batterie fermée, soit tout au plus cinq ou six mille hommes de ce chef, le total des garnisons fixes nécessaires à la défense de la nouvelle ligne ne dépassera certainement pas

vingt mille combattants. Ces troupes, à la vérité, devront
être choisies parmi les plus solides ; il faudra qu'on puisse
compter sur elles pour une défense poussée jusqu'à la dernière
extrémité ; les commandants des divers forts et autres ouvrages
devront de même présenter les plus sérieuses garanties de
capacité, de résolution et de caractère éprouvés. — Quant
aux troupes de défense mobile, on admettait, lors du débat
de 1874, que quatre-vingt mille hommes de l'armée territoriale
y suffiraient. Nous estimons qu'en portant à cent vingt mille
hommes cet effectif, qui peut être considéré comme un strict
minimum, on mettrait la défense en mesure de parer à toutes
les éventualités d'agression de la part de l'ennemi. Le
périmètre à défendre est sans doute doublé, mais si l'on
se reporte à l'expérience de 1870, on se ·convaincra que
les cent quarante mille combattants que nous supposons
nécessaires constitueraient une force plus que double de
celle dont le général Trochu disposait réellement durant
les premières semaines du grand siège.

Nous allons voir — et ce n'est pas un des traits les moins
caractéristiques du nouveau plan de défense — que non
seulement cette garnison ne coûterait aucun détachement à
l'armée active, mais qu'elle pourrait être constituée tout
entière et au delà avec les seules ressources, en troupes de
réserve et de deuxième ligne, des quatre régions de corps
d'armée dont les territoires englobent chacun un des quatre
secteurs entre lesquels sont divisés, au point de vue du
recrutement et de l'organisation militaires, la ville de
Paris, le reste du département de la Seine et tout le
département de Seine-et-Oise.

Cette démonstration demande un court exposé du nouveau
système d'organisation militaire de la France. Cet exposé est
d'ailleurs d'autant plus nécessaire qu'il y a solidarité intime et
dépendance réciproque, au point de vue de la défense nationale,

entre le nouveau camp retranché de Paris et la réorganisation
de l'armée française. Le rôle stratégique de Paris et l'importance
capitale de sa fortification ne peuvent être clairement conçus
sans une connaissance suffisante de l'organisation qui en
assure la suprême valeur pratique. De même, les personnes
les mieux instruites de l'organisation militaire nouvelle ne
se feront une idée nette de son efficacité défensive, qu'après
s'être rendu compte du concours puissant, décisif, que le camp
retranché de Paris prêterait à l'armée nationale dans une
guerre de défense contre un envahisseur.

Le service obligatoire pour tout Français valide, de vingt
à quarante ans, est la base fondamentale de la nouvelle
organisation. Cette durée de vingt ans d'obligation militaire
se réduit toutefois pratiquement à quatorze, la réserve de
l'armée territoriale à laquelle appartiennent les hommes de
trente-quatre à quarante ans restant à l'état inorganique.
On sert neuf ans dans l'armée active et ses réserves, cinq ans
dans l'armée territoriale. Ces notions sont aujourd'hui
universelles dans le public français.

Chaque classe de jeunes gens annuellement appelés est
d'environ trois cent mille hommes qui, en nombres ronds, se
décomposent comme suit : 1° cent soixante mille hommes
propres au service de guerre; 2° quarante mille hommes
également valides, mais dispensés en temps de paix (fils aînés
de veuves, aînés d'orphelins, frères puînés de soldats sous les
drapeaux, etc.); cent mille hommes ou totalement dispensés,
ou inaptes à tout service, ou ajournés à nouvel examen, ou
bons seulement pour les services auxiliaires.

Les cent soixante mille hommes de la première catégorie
sont tous incorporés dans les rangs de l'armée active. Cent
dix mille (conscrits de la première portion du contingent et
enrôlés volontaires) servent légalement cinq ans, en fait
quatre ans seulement; cinquante mille (conscrits de la

deuxième portion du contingent et engagés conditionnels) sont renvoyés dans leurs foyers à l'expiration de la première année de service actif, et passent dans la « disponibilité ». Il convient de noter que les conscrits de la « deuxième portion » n'ont toutefois servi que six mois au lieu d'un an pendant les premières années de l'application du nouveau système.

Au bout de cinq ans, tous sont classés dans la réserve de l'armée active.

L'adoption du système du service de « trois ans sous les drapeaux » modifiera, si ce système prévaut, la proportion actuelle entre la première et la deuxième portion de chaque contingent annuel. Dans l'appel de 1879, cette proportion a été de cent trente-cinq mille hommes devant servir trois ans effectifs et un peu moins de vingt-cinq mille libérables au bout d'un an; mais les résultats d'ensemble que nous avons à envisager ne sont pas affectés par ce changement.

Les hommes classés dans la réserve de l'armée active sont soumis, durant les quatre années de ce service, à deux appels pour les grandes manœuvres. Chacun de ces appels dure vingt-huit jours.

Les quatre ans de réserve accomplis, les hommes passent dans l'armée territoriale où, comme il a été déjà dit, ils servent cinq ans. Ils sont rappelés, durant cette période, au moins une fois, pour participer à des exercices d'une durée de deux semaines.

Les hommes appartenant à la catégorie des « dispensés en temps de paix », participent aux appels de la réserve et de l'armée territoriale.

Le service obligatoire ayant été appliqué depuis neuf années (l'obligation a été mise en vigueur dès 1871, et la loi de 1872 l'a d'ailleurs imposée rétroactivement), il est facile de calculer les résultats du système nouveau au point de vue des ressources militaires de la France.

L'armée active comprend, avec toutes ses réserves et la disponibilité : 1° neuf classes de 110,000 hommes étant encore sous les drapeaux ou ayant servi de quatre à cinq ans, soit, défalcation faite d'un neuvième environ pour la mortalité moyenne et les autres causes de non-valeurs, 800,000 hommes; 2° neuf classes de 50,000 hommes ayant servi six mois ou un an, soit, après défalcation analogue, 400,000 hommes; 3° neuf classes de dispensés en temps de paix, n'ayant point servi ou n'ayant participé qu'à des appels de vingt-huit jours, au plus bas 300,000 hommes.

Si l'on ajoute aux deux premières catégories la portion considérable de l'armée permanente qui ne se recrute pas par voie d'appel obligatoire (officiers, sous-officiers et hommes des cadres rengagés, employés militaires, soldats indigènes d'Afrique, gendarmes, etc.), on ne saurait évaluer à moins de *un million trois cent mille hommes,* ayant tous passé sous les drapeaux, ayant tous été soumis aux nouvelles disciplines et aux méthodes nouvelles d'instruction militaire, le contingent dont dispose, en 1880, l'armée régulière française. Viennent ensuite, comme réserve de remplacement pour entretenir les effectifs en temps de guerre, les 300,000 hommes valides appartenant à la catégorie des dispensés en temps de paix.

Il est bon de noter ici que l'organisation allemande ne comporte que sept années de service (trois en activité, quatre en réserve), par conséquent sept classes de jeunes gens au lieu de neuf en France, et que chaque classe ne fournit que 130,000 hommes à l'armée, le surplus des hommes valides demeurant à l'état de réserve non instruite, absolument analogue à celle que forment nos « dispensés en temps de paix ». Le nombre des soldats instruits ne dépasse donc pas, en Allemagne, armée active et réserves comprises, en admettant même un déchet annuel moindre qu'en France, le total de 850,000 hommes ayant passé sous les drapeaux.

Les mêmes modes d'évaluation appliqués aux cinq classes de l'armée territoriale nous donnent dès à présent au moins 600,000 hommes, non compris les « dispensés en temps de paix ». Cette masse, composée en ce moment d'éléments très divers, mais ayant tous plus ou moins longtemps passé sous les drapeaux, soit dans l'armée permanente, soit dans les levées de 1870-71, soit dans les appels pour les grandes manœuvres des dernières années, ne comprendra, à partir de 1884, que des hommes ayant régulièrement reçu l'instruction militaire dans les rangs de l'armée permanente.

La landwehr allemande comprend de même cinq classes d'hommes, tous ayant servi. Son effectif complet n'atteint pas, eu égard aux déchets normaux, le total de 500,000 hommes.

Une loi militaire qui, après avoir subi une laborieuse discussion, vient d'être définitivement votée par le Parlement allemand, modifiera dans une mesure notable les chiffres que nous venons d'analyser. Le contingent annuellement incorporé sera augmenté de près de 9,000 hommes. En outre, la première catégorie de la « réserve de recrutement » (hommes valides non incorporés) sera obligée désormais à un certain service, — vingt semaines réparties entre les sept années durant lesquelles les jeunes Allemands valides appartiennent à l'armée active ou à sa réserve.

On calcule que l'application de ces prescriptions nouvelles donnera à l'armée et à la landwehr allemandes un renfort d'environ 80,000 soldats instruits et de 300,000 recrues à peu près dégrossies. La nouvelle loi ne devant pas avoir d'effet rétroactif, ces augmentations de ressources militaires ne seront toutefois totalement acquises à l'Empire allemand qu'après un délai de douze années. Le lecteur peut d'ailleurs se convaincre, en se reportant aux chiffres indiqués plus haut, que même après l'accomplissement de cette réforme, l'effectif total allemand (armée, réserve et landwehr) n'atteindra pas tout à fait l'effectif total des forces françaises (armée, réserve et troupes territoriales).

Toutefois, la multitude de soldats dressés que nous fournit le service obligatoire pourrait n'être qu'une force illusoire si tout n'était sagement préparé de longue date, à loisir, en vue de transformer pour ainsi dire instantanément cette foule d'hommes en bataillons, escadrons, batteries, régiments, brigades, divisions et corps d'armée réguliers; si des cadres instruits, solides, soigneusement entretenus, n'étaient en tous temps prêts à recevoir les centaines de mille hommes que l'appel aux armes, que l'ordre de mobilisation lancé par le Président de la République, tirera brusquement de leurs foyers; si, enfin, le matériel de toute sorte, équipements, vêtements, armes, munitions, vivres, voitures, canons, chevaux, n'était réuni d'avance, emmagasiné, réparti, disposé de façon à permettre le passage rapide, immédiat, du pied de paix au pied de guerre.

La loi sur le recrutement avait fourni la matière militaire; les lois subséquentes en ont tiré un puissant organisme vivant. Tout ce qui était à l'état chaotique en 1870, même en ce qui touche l'organisation de l'armée permanente; tout ce qu'il fallut créer fiévreusement, confusément, en fait de troupes de réserve et de seconde ligne, tout cela existe dès à présent, non point parfait sans doute, mais organisé, préparé, réglé jusque dans les menus détails.

La loi dite d'organisation générale de l'armée — l'une des plus sages et des plus fécondes de notre législation militaire — et la loi portant fixation des cadres et des effectifs, ont pourvu à toutes les exigences de cette œuvre si complexe et qui rompait si absolument avec nos routines invétérées.

La division du territoire de la France en régions de corps

d'armée est la base de l'organisation générale. Ces régions sont au nombre de dix-huit. Chacune d'elles doit mobiliser en temps de guerre un corps d'armée complet, de toutes armes, et une série de forces de deuxième ligne que nous énumèrerons tout à l'heure. La formation des troupes de chaque région en brigades et divisions pourvues de leur état-major de guerre est permanente. C'est un des principes essentiels de l'organisation. Un autre principe fondamental, c'est que chaque région de corps d'armée doit se suffire à elle-même, et tenir en état, prêts à servir, tous les moyens, toutes les ressources en personnel et en matériel nécessaires à la mobilisation rapide de toutes les forces régionales. La composition des dix-huit corps d'armée est identique. Ils comprennent chacun huit régiments d'infanterie de ligne, un bataillon de chasseurs à pied, une brigade d'artillerie (deux régiments), un bataillon du génie, une brigade de cavalerie (un régiment de dragons, un de hussards ou de chasseurs), et les troupes accessoires (train, service sanitaire, etc.), dans des proportions convenables. Le corps d'armée est sous les ordres d'un général commandant en chef; il se répartit en deux divisions de deux brigades chacune, commandées par deux généraux de division et quatre généraux de brigade. L'artillerie et la cavalerie sont commandées, sous l'autorité du commandant en chef et des divisionnaires, par des généraux de brigade.

Les réservistes et les disponibles qui doivent porter au pied de guerre les troupes de chacun des dix-huit corps d'armée sont tous des hommes domiciliés dans la région territoriale du corps d'armée. L'artillerie, la cavalerie, le génie, le train et le bataillon de chasseurs à pied de chaque corps ont pour cercle de recrutement de leurs réserves la région entière; l'infanterie de ligne, au contraire, les recrute dans les subdivisions de région, qui sont au nombre de huit, correspondant chacune à un régiment. Les disponibles et les réservistes de la ligne se trouvent donc toujours à peu de distance du régiment sur les contrôles duquel ils sont inscrits. De là une simplicité et une rapidité extrêmes dans l'opération du passage du pied de paix au pied de guerre. Chaque région de corps d'armée possède des magasins généraux, chaque subdivision des magasins particuliers, pourvus de tout le matériel d'habillement, d'équipement, de campement et d'armement nécessaires. Les garnisons sont fixes, et les lieux de réunion pour la mobilisation invariables. Chaque homme est instruit d'avance du lieu où il doit rejoindre en cas d'appel. Les ressources de chaque région en chevaux, mulets et voitures sont recensées et les ordres de réquisition prêts. Toutes les mesures sont calculées pour que l'ordre de mobilisation survenant de la manière la plus inopinée puisse être exécuté instantanément, sans improvisation d'aucune sorte.

L'armée allemande, dont l'organisation régionale est à peu près identique, fut mobilisée en 1870 et concentrée à la frontière en 16 jours environ. Les dix-huit corps d'armée français de l'organisation nouvelle seraient prêts, munis de tous leurs moyens, dans un laps de temps au moins aussi court.

Les troupes d'Afrique constituent un dix-neuvième corps dont la mobilisation s'opèrerait avec une rapidité à peine inférieure. Ces troupes se recrutent tant en Algérie que sur l'ensemble du territoire de France. Des magasins spéciaux établis en Provence permettent la concentration et l'équipement immédiats des hommes de réserve de ces troupes habitant la France. Leur incorporation dans les régiments actifs d'Afrique s'effectuerait ainsi aussitôt après le débarquement de ceux-ci sur le territoire continental de la République.

Le département de la marine possède en outre des ressources militaires en infanterie, artillerie de marine et bataillons de fusiliers matelots assez considérables pour permettre au besoin l'organisation d'un vingtième corps d'armée qui serait prêt dans un délai très court, c'est-à-dire peu après la mobilisation des dix-neuf corps d'armée de première ligne.

Il existe enfin, indépendamment des éléments constitutifs des corps d'armée, douze bataillons de chasseurs à pied, trois régiments de spahis spéciaux à l'Algérie, et trente-six régiments de cavalerie formés en six divisions indépendantes de cavalerie, de trois brigades chacune (une de cuirassiers, deux de dragons, chasseurs ou hussards).

Les régiments d'infanterie de ligne sont composés chacun de quatre bataillons de quatre compagnies et d'un demi bataillon de dépôt. Les régiments de cavalerie ont cinq escadrons (ceux d'Afrique six), les régiments d'artillerie treize batteries chacun.

Le corps d'armée mobilisé sur pied de guerre comprend vingt-cinq mille hommes d'infanterie (huit régiments à trois bataillons de 1,000 hommes, plus le bataillon de chasseurs), dix-sept batteries d'artillerie, soit environ 3,000 artilleurs avec 102 pièces de canon; douze à treize cents cavaliers; huit cents hommes du génie, c'est-à-dire en y ajoutant les états-majors, les colonnes de munitions, le train des équipages et les divers services accessoires, une force de 35,000 hommes, dont trente mille combattants effectifs.

Il résulte de ces chiffres, que les dix-huit corps régionaux formant l'armée de campagne de première ligne constitueraient une masse de 630,000 hommes, avec 1,836 canons. Le 19e corps (armée d'Afrique) fournirait également, de son côté, 35,000 hommes et 102 canons. Il faudrait ajouter encore à ce total les douze bataillons de chasseurs à pied non embrigadés et les six divisions de cavalerie indépendante avec leur artillerie (une batterie par brigade), soit environ 12,000 fantassins et 28,000 hommes de cavalerie et artillerie avec 108 pièces de canon. Nous faisons abstraction du corps d'armée (le 20e) qui serait fourni par les troupes de marine. ·

SEPT CENT CINQ MILLE HOMMES et DEUX MILLE QUARANTE-SIX CANONS (705,000 hommes et 2,046 canons) : voilà l'effectif que la nouvelle organisation militaire permet donc de mobiliser, de concentrer et de mettre en ligne en moins de deux semaines!

On remarquera que ce total formidable (l'armée allemande d'invasion, dans la première quinzaine du mois d'août 1870, ne dépassait pas 600,000 hommes avec 1,600 pièces de canon) laisse en dehors de la mobilisation d'immenses ressources en fait d'hommes instruits ayant passé sous les drapeaux depuis l'établissement du service obligatoire. Le nombre de ceux-ci ne serait pas en effet inférieur à 600,000 hommes en bloc, à 500,000 hommes si l'on défalque les non-valeurs organiques, la gendarmerie et les fonctionnaires militaires non combattants. C'est avec ces masses énormes que pourront être constituées les forces régulières de deuxième ligne. On va voir que ces forces ont leurs cadres préparés.

Chaque corps d'armée mobilisé dans les conditions que nous venons d'indiquer laisse, en effet, en partant, prêts à marcher à leur tour : le 4e bataillon et les demi-bataillons de dépôt de chacun de ses huit régiments de ligne, le dépôt des chasseurs à pied, huit batteries d'artillerie et deux cinquièmes escadrons de cavalerie. Nous négligeons le train et les services auxiliaires. Ajoutons, pour l'ensemble du territoire, les dépôts des chasseurs non embrigadés et les cinquièmes escadrons des régiments compris dans les divisions de cavalerie indépendante. Il résulte de là, qu'indépendamment du 20e corps d'armée, fourni par les troupes de la marine, les cent quarante-quatre 4es bataillons d'infanterie de ligne combinés avec les

batteries et les escadrons ci-dessus indiqués, fournissent tout
formés, absolument prêts et de même qualité que les troupes de
l'armée active de première ligne, tous les éléments nécessaires
à la constitution de six nouveaux corps d'armée complets.
Restent en dehors tous les 4ᵉˢ bataillons d'Afrique. C'est
donc, avec le corps de marine, une deuxième armée régulière
de 245,000 hommes et 714 canons.

Cette seconde mobilisation effectuée, la situation générale
— au point de vue de la possibilité de formations nouvelles de
troupes de l'armée de ligne — serait analogue à la situation
de 1870 au moment de l'organisation des premiers régiments
de marche. Le dédoublement des compagnies de dépôts
procurerait un cinquième bataillon par régiment de ligne,
soit cent quarante-quatre bataillons, non compris les corps
d'Afrique. Le personnel de soldats exercés serait encore
surabondant. — Quant aux cadres, les difficultés seraient
incomparablement moindres qu'en 1870. Neuf années d'application du service obligatoire ont transformé la jeunesse
française. La portion de cette jeunesse la plus éclairée, la
plus intelligente, celle qui forma le personnel si brave, si
patriote, mais militairement si ignorant de la garde mobile,
acquiert aujourd'hui, par son passage sous les drapeaux,
l'instruction militaire qui lui fit si cruellement défaut il y a
dix ans. On y trouverait maintenant une abondante pépinière
de sous-officiers et d'officiers subalternes incomparablement
supérieurs à ceux qu'on dut improviser tels dans le désordre
de l'invasion.

Il n'y a, par conséquent, aucune exagération à avancer que
quelques semaines suffiraient pour tirer des dépôts un nouveau
contingent à peine inférieur à celui des 4ᵉˢ bataillons. Ce
qui fut possible en 1870 à cet égard, le serait à plus forte
raison dès maintenant.

Les dépôts reconstitués et pourvus de cadres d'instruction

regorgeraient encore d'hommes par le seul effet de l'appel des dispensés en temps de paix.

L'armée allemande, dont l'organisation régionale en corps d'armée est absolument analogue à la nôtre, ne possède cependant ni quatrièmes bataillons ni compagnies de dépôts permanents. Elle constitue, après la mobilisation, au moyen de cadres tirés de la réserve, un bataillon dit de remplacement, par chaque régiment de ligne; mais ces formations, postérieures à la déclaration de guerre, créées de toutes pièces, ne sauraient être comparées ni à nos 4es bataillons actifs, qui ne diffèrent en rien des trois bataillons des mêmes régiments, ni même à nos 5es bataillons éventuels qui auront pour noyau un demi-bataillon permanent commandé par un officier supérieur du service actif. Il est à propos de noter qu'aucun 4e bataillon allemand n'a figuré sur les champs de bataille de 1870-71. La même observation s'applique à l'artillerie allemande, qui n'a pas de batteries de dépôt. La cavalerie, au contraire, possède, comme la nôtre, un cinquième escadron en temps de paix. L'armée régulière allemande, qui serait aujourd'hui numériquement très inférieure sur pied de guerre en infanterie à l'armée française, sensiblement inférieure en artillerie, disposerait toutefois d'une réelle supériorité en cavalerie. Elle a quatre vingt-treize régiments de cette arme, contre soixante-dix-sept en France et en Algérie.

La nouvelle loi militaire allemande apportera à cet état de choses des changements assez importants qu'il convient de signaler. Une des dispositions essentielles de cet acte législatif porte création de 35 nouveaux bataillons d'infanterie et d'un nombre notable de batteries d'artillerie de campagne. Le but de la création nouvelle est de porter à 9 régiments (nombre réglementaire) l'infanterie de chaque corps d'armée; de pourvoir d'un régiment d'artillerie de campagne le XVe corps allemand (Alsace-Lorraine), dont l'artillerie est actuellement fournie par de simples batteries détachées des autres corps d'armée, et de doter enfin chacun de ceux-ci d'une batterie nouvelle. Le neuvième régiment d'infanterie de chaque corps d'armée allemand est détaché d'ordinaire, au moment de la mobilisation, soit pour fournir des garnisons aux grandes forteresses, soit pour contribuer à la formation de divisions et de corps d'armée nouveaux.

Il ressort cependant de la comparaison des cadres, que même après la réalisation des augmentations projetées, l'infanterie allemande ne comprendra que 503 bataillons permanents contre 638 en France (non compris nos demi-bataillons de dépôts), et l'artillerie allemande 340 batteries de campagne contre 437 batteries françaises.

Le résultat de cette analyse, c'est que si l'empire allemand peut au début d'une guerre mettre en ligne des forces actives approximativement équivalentes aux nôtres — dix-huit et demi corps d'armée contre dix-neuf, — il n'a presque pas de forces de même nature à opposer aux sept corps d'armée réguliers qui pourraient être mobilisés, comme il a été dit ci-dessus, immédiatement après la concentration de nos dix neuf corps d'armée de première ligne. C'est tout au plus si l'armée allemande pourrait, au moyen de l'augmentation de ses cadres projetée pour l'année 1882, réunir les éléments d'un ou deux nouveaux corps d'armée réguliers. Quant à ses bataillons de remplacement, ils ne seraient pas même l'équivalent de nos dépôts transformés en 5es bataillons, puisqu'ils n'ont point de cadres permanents.

On peut se demander, il est vrai, quelle est la valeur, quelle est la qualité des forces numériquement si formidables et si prépondérantes créées par notre nouveau système d'organisation militaire? Il n'est pas impossible de répondre à cette question brièvement et d'une façon plausible.

Les juges les plus compétents, à l'étranger aussi bien qu'en France, reconnaissent que l'artillerie française, tant pour le personnel que pour le matériel, ne redoute plus aujourd'hui aucune rivalité.

Notre cavalerie — c'est encore une opinion universelle — a fait de très grands progrès depuis six ans. Elle est, sans contredit, mieux préparée et mieux instruite des méthodes de guerre modernes que ne l'était la cavalerie française d'avant 1870.

On convient de même que l'infanterie, en ce qui concerne l'effectif permanent, a acquis un très haut degré de valeur militaire. L'infanterie du temps du second Empire, à l'époque où elle passait pour la première du monde, égalait à grand peine l'infanterie actuelle en esprit militaire, en instruction en discipline, en qualités physiques et morales. Si l'on faisait comme autrefois la guerre avec les seuls effectifs entretenus d'une façon permanente sous les drapeaux, l'excellence de nos régiments de ligne réorganisés depuis 1871 ne soulèverait aucun doute. Mais c'est en France, pour beaucoup de personnes instruites et compétentes, une question épineuse de savoir si la nouvelle infanterie portée sur le pied de guerre conserverait — après l'incorporation de ses réserves — les qualités qu'on reconnaît volontiers aux cadres et à l'effectif permanent. La compagnie d'infanterie de ligne, forte de moins de quatre-vingt-dix hommes en temps de paix, doit en présenter deux cent cinquante après la mobilisation. Le bataillon passe ainsi brusquement d'environ trois cent cinquante hommes à l'effectif de mille combattants. On se demande si l'incorporation subite d'une quantité proportionnelle aussi énorme d'hommes sortant de la vie civile n'altèrera pas profondément les qualités militaires de l'infanterie française.

On posait, il y a quinze ans, la même question, dans des

termes à peu près identiques, au sujet de l'armée prussienne.
La plupart des militaires, en France, en Autriche, en Russie
ne pouvaient admettre la solidité d'une infanterie composée
en temps de paix de jeunes soldats dont un tiers étaient des
conscrits de l'année, et obligée, pour passer sur le pied de
guerre, d'incorporer à la hâte, par bataillon de mille hommes,
plus de cinq cents soldats de la réserve arrachés inopinément
à leurs foyers, au comptoir, à la charrue ou à l'atelier.
L'expérience des campagnes de 1866 et de 1870 a cependant
démontré avec une éloquence irrésistible que ce système, si
paradoxal aux yeux des dévots aux anciennes routines,
n'avait point empêché l'infanterie prussienne mobilisée de
déployer le maximum de qualités militaires que l'infanterie
allemande ait jamais présentées.

Quoique l'écart entre l'effectif permanent et l'effectif de
guerre soit plus grand encore dans le nouveau système
français que dans le système allemand, nous ne voyons pas
pourquoi l'application de principes identiques au fond
produirait chez nous des résultats différents. L'essentiel est
que le cadre permanent — officiers, sous-officiers et soldats —
soit d'une qualité supérieure, et que les hommes de réserve
soient instruits, disciplinés, patriotes. La qualité du cadre et
le moral des citoyens appelés sous les drapeaux, voilà
désormais les deux facteurs souverains de la valeur et de
l'efficacité de nos régiments de ligne. Ces deux conditions
sont indispensables et solidaires. Des conscrits à peine
dégrossis, mais de race vaillante, versés dans des cadres
éprouvés, peuvent constituer instantanément des troupes
excellentes. A plus forte raison, s'il s'agit d'encadrer, non
des conscrits, mais bien des soldats ayant déjà reçu tous
l'instruction militaire sous les drapeaux! Les meilleurs cadres
sans doute ne pourraient que se sacrifier sans espoir de
succès, si les hommes versés dans leurs rangs manquaient

de cœur et de patriotisme. C'est une éventualité que nous avons le droit de négliger. Même aux heures les plus sombres, la bravoure, l'abnégation et le dévouement n'ont jamais fait défaut à nos levées improvisées. Les cadres seuls manquaient. Nous avons aujourd'hui hommes et cadres. L'expérience des appels annuels pour les grandes manœuvres permet d'ailleurs d'affirmer que les réservistes français ne sont nullement inférieurs au point de vue technique aux réservistes allemands. Quant au cadre permanent, il est déjà bon et il progresse chaque année. Ce qui peut-être fait le plus défaut, à l'heure actuelle, à l'infanterie de notre jeune armée républicaine, c'est la conscience de sa propre valeur, la confiance virile en elle-même et en ses chefs. La tendance au pessimisme a succédé à la présomption d'autrefois. Mais cela passera. Notre conclusion, — elle sera modeste, — c'est qu'on pourrait se tromper aussi gravement en mésestimant aujourd'hui la nouvelle infanterie française, qu'on se trompait avant 1866 en dédaignant l'infanterie prussienne *à priori* et par raison préconçue.

L'armée régulière, dont nous venons d'esquisser l'organisation, doit avoir pour réserve générale et pour appui l'armée territoriale. Nous avons dit plus haut que tous les hommes valides de vingt-neuf à trente-quatre ans font partie du premier ban de cette milice, et que le nombre d'hommes ayant passé sous les drapeaux inscrits dès à présent sur ses registres n'est pas inférieur à 600,000.

Au point de vue organique, l'armée territoriale reproduit à peu près exactement l'armée active de première ligne. Chaque région de corps d'armée fournit huit régiments d'infanterie territoriale à trois bataillons, correspondant, subdivision par subdivision, à chacun des huit régiments de ligne du corps d'armée. Il n'y a d'exception que pour la quinzième région, qui a neuf régiments territoriaux au lieu de huit, et pour l'Algérie, qui ne fournit encore que dix bataillons territoriaux. Dans chaque corps d'armée, les régiments territoriaux d'infanterie se recrutent par subdivision de région, de même que les réserves des régiments de ligne. Le parallélisme est complet. Dans chaque chef-lieu de subdivision, les magasins d'armement, d'habillement et d'équipement du régiment territorial d'infanterie sont joints à ceux du régiment de ligne. Les exercices de l'infanterie territoriale se font aussi, à l'époque des appels, en temps de paix, sous la direction supérieure des colonels des régiments réguliers correspondants.

L'artillerie territoriale comprend un régiment par corps d'armée. Toutefois, l'organisation de ces régiments est variable. Le nombre des batteries de chaque régiment diffère selon les régions. La moyenne est de vingt batteries.

Il y a un bataillon du génie par corps d'armée, un escadron du train et des troupes d'administration correspondant à celles de l'armée régulière.

La cavalerie comprend un régiment par chaque corps d'armée; ces régiments sont à six escadrons, dont trois de dragons et trois de hussards ou chasseurs.

Chaque région du territoire, après avoir mobilisé successivement, d'abord un corps d'armée complet de première ligne de l'armée régulière, comprenant 35,000 hommes, puis deux détachements successifs, — l'un de 10,000 hommes, formé par les quatrièmes bataillons de ligne, les cinquièmes escadrons et les batteries de réserve; — le deuxième de 9,000 hommes au moins fournis par les dépôts des diverses armes; chaque région du territoire, disons-nous, est donc en mesure de mobiliser encore, concurremment avec toutes ces troupes, un corps complet d'armée territoriale fort de 24,000 hommes d'infanterie, 1,000 cavaliers, plus de 3,000 artilleurs, 1,000 hommes du génie, sans compter le train et les services auxiliaires.

L'organisation actuelle de l'armée territoriale laisse encore à désirer au point de vue de la composition du corps d'officiers. Mais cet état de choses transitoire n'aura pas heureusement une longue durée. On peut prévoir l'époque où tous les commandements d'unités tactiques seront exercés par d'anciens officiers de l'armée régulière, du grade correspondant, et tous les emplois d'officiers subalternes tenus par d'anciens officiers de réserve de la ligne ou des sous-officiers signalés à l'expiration de leur temps 'de service comme susceptibles de remplir les fonctions de sous-lieutenant.

L'armée territoriale, même dans son état présent, serait néanmoins incomparablement supérieure aux contingents de garde mobile et de garde nationale mobilisée qui jouèrent un si grand rôle dans la guerre de la Défense nationale. L'allure tout à fait militaire des troupes territoriales récemment appelées pour les premiers exercices annuels ne laisse aucun doute à cet égard. On peut affirmer sans présomption que les régiments territoriaux de France seront avant longtemps capables d'affronter la comparaison avec les bataillons de la landwehr allemande.

Il n'est pas sans intérêt de noter que la landwehr de l'Empire allemand, composée cómme notre armée territoriale de cinq classes d'hommes ayant passé par l'armée régulière, est loin de présenter un effectif aussi considérable. Elle ne comprend en infanterie que deux bataillons par subdivision de région, au lieu du régiment de trois bataillons que comporte l'organisation française. Il n'y a pas en outre de corps d'artillerie de la landwehr : les anciens artilleurs sont incorporés dans les régiments d'artillerie à pied de l'armée régulière, où ils contribuent d'ailleurs à former des batteries de réserve mobilisables. La cavalerie de la landwehr forme, selon les régions de corps d'armée, un nombre d'escadrons variable, mais inférieur au total de la cavalerie territoriale française.

La landwehr allemande possède des qualités militaires de premier ordre. Elle a fourni dans la campagne 1870-1871 non seulement des troupes de garnison et d'étape qui assuraient les communications de l'armée d'invasion avec l'Allemagne, mais des divisions entières qui ont figuré avec honneur pour les armes prussiennes devant Metz, au siège de Belfort et dans les divers combats livrés en 1871 dans l'est de la France.

L'étude rapide que nous venons de faire des conditions nouvelles de l'organisation militaire de la France, permet au lecteur qui a bien voulu nous prêter son attention, de se rendre compte de la facilité avec laquelle la garnison de Paris pourrait être constituée, sans aucun emprunt aux troupes régulières de première ligne. Ainsi que nous le disions, les ressources des quatre régions de corps d'armée qui aboutissent à Paris comme à un centre commun, y suffiraient amplement. Ces régions portent les numéros 2, 3, 4 et 5; elles ont leurs quartiers généraux respectifs à Amiens, à Rouen, au Mans et à Orléans. Chacune d'elles fournirait en effet, abstraction faite des 35,000 hommes partis pour la frontière : huit bataillons d'infanterie (4es), absolument identiques aux bataillons actifs; huit bataillons d'infanterie (5es), très supérieurs aux bataillons de marche de 1870; huit batteries régulières de même valeur que les batteries de l'armée active; soit, avec la cavalerie, le génie et le train, une force de 20,000 hommes au moins, dont 10,000 de troupes excellentes. Aux ressources que nous venons d'énumérer, tirées de l'armée régulière, s'ajouterait pour chaque région le corps d'armée territorial, comptant plus de 30,000 hommes, dont 28,000 d'infanterie, d'artillerie et du génie. Les contingents réunis des quatre régions donneraient, par conséquent, sans compter les dépôts d'hommes non instruits, 40,000 soldats réguliers de première qualité, 40,000 hommes de troupes de ligne de formation nouvelle, mais tous soldats instruits et suffisamment bien encadrés, et enfin 120,000 hommes de troupes de l'armée territoriale. Ajoutons pour mémoire la gendarmerie, la garde républicaine et quelques corps spéciaux de formation facile. Notons enfin que la loi sur la réserve de l'armée territoriale permettrait d'organiser pour le service intérieur de la place de nombreux bataillons plus disciplinés et militairement plus efficaces que ceux de l'ancienne garde nationale.

Paris, laissant ainsi pleinement disponible la totalité de l'armée de campagne et les ressources, en fait de réserves, de quinze régions sur dix-neuf, disposerait néanmoins d'une garnison incomparablement supérieure, toutes proportions gardées, à celle qui s'abrita derrière son enceinte le 19 septembre 1870.

# CHAPITRE XI

Un plan allemand de blocus du nouveau camp retranché de Paris. — La famine seule
arme efficace. — L'investissement avec intervalles. — Discussion du système. —
Forces indispensables à l'assiégeant. — Impuissance de cette méthode contre une
armée d'opérations sortant du camp retranché. — Résultats combinés de la
fortification de Paris et de l'organisation militaire de la France. — Hypothèse d'une
situation analogue à celle du 19 septembre 1870. — Levée forcée du blocus. — Rôle
normal de Paris dans l'éventualité d'un échec grave à la frontière. — Esquisse des
défenses de l'Est. — Hypothèse de la marche de l'armée allemande sur Paris. —
Avantages stratégiques et tactiques en faveur de l'armée française repliée sous le
canon de Paris. — Interversion de forces. — Conséquences rationnelles. — Conclusion.

Le nouveau camp retranché Parisien peut-il être investi?
La question posée dans ces termes généraux ne comporte pas
de réponse absolue. Mais si l'on circonscrit le problème et
qu'on demande s'il existe en Europe une puissance militaire
dont l'armée puisse suffire désormais au blocus de Paris
exécuté dans des conditions pareilles à celles du siège
de 1870-71, la solution n'est pas douteuse. On peut répondre
sans hésiter : Non, Paris ne peut plus être investi.

Nous avons vu plus haut que pour border simplement, à
raison d'un corps d'armée par 9 ou 10 kilomètres de front,
l'immense périmètre des forts nouveaux, dix-sept à dix-huit
corps d'armée sont indispensables. L'armée allemande, par
exemple, serait forcée, pour y réussir, d'immobiliser, à fort
peu de chose près, la totalité de ses forces régulières. Le
blocus formé, il ne lui resterait plus pour ainsi dire un
bataillon de ligne à opposer aux armées françaises de secours.

Hors l'hypothèse d'une coalition, nous pouvons donc considérer cette impossibilité comme un fait désormais acquis.

L'écrivain militaire allemand dont nous avons, au début de ce travail, mentionné les vues et les appréciations, en convient franchement et sans détours. Il est vrai que cette concession faite, l'auteur s'empresse de poser une question nouvelle d'un incontestable intérêt. Ne serait-il pas possible, se demande-t-il, d'employer un autre mode d'investissement nécessitant des forces beaucoup moins considérables, tout en assurant un blocus non moins effectif et non moins efficace?

Notre auteur, avant de conclure définitivement, insiste auprès de ses compatriotes allemands sur la nécessité de renoncer, dans l'éventualité d'une nouvelle attaque de Paris, à l'idée du blocus continu, hermétique, supprimant toute communication avec l'extérieur. Il les prévient que le seul blocus possible dorénavant, ne saurait exclure le passage fréquent d'individus isolés à travers les lignes, même celui de quelques voitures de vivres et de munitions. Ces réserves faites, il expose un système simple et logique qu'il est bon d'analyser et de discuter.

Paris, avec son immense agglomération d'êtres vivants, est pour son alimentation serf des grandes lignes de communication, fleuve, canaux, voies ferrées, chaussées principales. Qui intercepte ces artères, affame Paris. Le convoi qui ferait vivre des semaines entières une place ordinaire, ne représente qu'une bouchée de nourriture pour Paris. Qu'importe, par conséquent, l'arrivée hasardeuse de quelques sacs de farine ou de quelques douzaines de têtes de bétail? Pour ravitailler sérieusement Paris à l'heure où vont expirer ses réserves de vivres, il faut, pendant des journées entières, la libre disposition des chemins de tout ordre, des voies ferrées par dessus tout. — Cette observation est la base du système préconisé par le théoricien allemand. On pourrait même généraliser et formuler à la fois avec plus de précision ce qu'il ne fait qu'entrevoir, à savoir : que la famine est, avec la politique, la seule arme souveraine contre des places telles que Paris. Or, la famine est d'autant plus l'arme sûre, que l'agglomération est plus dense et le fourmillement humain plus prodigieux. On n'approvisionne pas à long terme de pareilles multitudes. Les ressources d'une nation n'y suffiraient pas. C'est précisément pour cela que les propriétés de défense offensive du camp retranché Parisien justifient seules, à nos yeux, l'œuvre grandiose dont nous avons tenté la description.

Cela posé, examinons si des forces sensiblement inférieures à celles que nécessiterait le blocus classique ne suffiraient pas néanmoins à intercepter les voies de communication autour de Paris et à interdire par conséquent tout ravitaillement sérieux des deux à trois millions de personnes que renfermerait l'enceinte de la capitale et du nouveau camp retranché. Le théoricien allemand n'en doute nullement. La solution du problème consisterait, selon lui, à placer en face de chacun des grands secteurs de Paris des troupes en cantonnements resserrés, constituant des armées indépendantes assez fortes pour livrer bataille isolément, se reliant entre elles par des corps volants, surtout par une nombreuse cavalerie chargée de couper les rails des chemins de fer, d'obstruer les canaux, de détruire les ponts et de surveiller les routes. Il pourrait y avoir, pense-t-il, 15 à 20 kilomètres de distance entre les positions de chacune de ces armées d'observation, sans que le blocus fût pour cela moins rigoureux. Notre auteur, pour plus de précision, indique du reste les forces qu'il estime nécessaires et les dispositions qu'elles devraient prendre autour du camp retranché Parisien. Quatre armées distinctes lui paraissent indispensables. L'une, forte de quatre corps d'armée (120,000 hommes), se concentrerait au sud-ouest de Versailles, vers Chevreuse, surveillerait la Basse-Seine par un détachement vers Mantes, et couperait par sa cavalerie toutes les voies qui rayonnent de Paris vers l'ouest et vers la Loire. Trois autres corps d'armée (90,000 hommes) se tiendraient entre Marne et Seine, vers Tournan et Brie-Comte-Robert; ils assureraient les lignes de communication avec l'Allemagne et tiendraient par des détachements les ponts de la Seine entre Villeneuve-Saint-Georges, Corbeil et Melun. Une fraction d'armée de deux corps (60,000 hommes) se posterait vers Claye, surveillant la vallée de la Marne. Enfin, une quatrième masse de trois corps d'armée au moins (90,000 hommes) devrait se tenir à cheval sur le chemin de fer de Paris à Compiègne, et jeter un fort détachement sur Pontoise. En ajoutant à ces forces 15 ou 20,000 hommes de cavalerie, la surveillance exercée sur tous les chemins pourrait, d'après l'auteur allemand, être assez étroite pour rendre difficile même le passage de voitures et d'individus isolés.

Cette manière de voir nous semble parfaitement juste, sous le bénéfice d'une réserve que nous allons formuler tout à l'heure. Mais une observation préalable s'impose en présence de cette théorie. C'est que, pour être réalisé dans ces conditions nouvelles, l'investissement de la capitale ne nécessiterait pas moins de douze corps d'armée, c'est-à-dire les deux tiers de l'armée régulière allemande tout entière. Or, en 1870, l'armée d'invasion n'eut, jusqu'à la chute de Metz, que sept à huit corps d'armée disponibles.

Toutefois, nous irons volontiers plus loin dans son propre sens que l'auteur allemand lui-même. Nous admettrons sans hésitation qu'un blocus absolu serait encore possible, n'y eût-il que six ou huit corps d'armée pour intercepter les grandes voies de communication qui rayonnent de Paris vers

la province. Mais cela, sous deux conditions essentielles
et indispensables : la première, que Paris ne renfermât pas
d'armée capable de tenir la campagne; la deuxième, que
l'ennemi fût maître de toute la zone régionale à plusieurs
journées de marche autour de Paris, et qu'il n'eût à redouter
l'intervention d'aucune armée de secours. C'était la situation
de Paris durant les premières semaines qui suivirent
l'investissement en 1870. Le camp retranché Parisien ne
renfermait pas plus de trente mille hommes capables d'aborder
l'ennemi en rase campagne; un seul corps d'armée prussien
suffisait amplement, d'autre part, pour disperser les quelques
rassemblements de troupes que le gouvernement de la Défense
nationale, à ses débuts, formait sur la Loire. A cette époque
et dans ces conditions, les deux masses principales de l'armée
d'investissement au nord et au sud de la capitale, auraient
même pu s'éloigner momentanément des lignes de blocus, n'y
laissant qu'un corps d'armée sur chaque front avec un rideau
de cavalerie, sans offrir aux Parisiens l'occasion ni les
moyens de recevoir un ravitaillement appréciable. Un mois
plus tard, par exemple, dès la mi-novembre, les termes
de la question auraient été diamétralement renversés.
L'organisation d'une armée parisienne d'opération de cent
mille hommes — ceux qui firent leurs preuves à Champigny —
et la concentration vers Orléans des nouvelles levées de
province qui battirent les Allemands à Coulmiers, auraient eu
pour effet certain de rendre intenable la position des troupes
de blocus devant le front sud de Paris.

Vraie contre une garnison peu nombreuse condamnée à se
défendre passivement, la théorie de l'écrivain allemand des
*Jahrbücher für die Deutsche Armee* devient radicalement fausse
et chimérique dès qu'on admet l'hypothèse normale d'une armée
manœuvrant sous la protection du camp retranché Parisien.

Reprenons en effet les données établies par l'auteur lui

même. Supposons douze corps allemands répartis en quatre masses distinctes sur certains points de l'immense circonférence de 160 kilomètres qui circonscrit l'enceinte extérieure du camp de Paris. Admettons, si l'on veut, cinq corps d'armée français seulement cantonnés sous la protection des forts. N'est-il pas évident que, dans ces conditions, quel que soit le débouché choisi par le général en chef de l'armée française d'opérations, soit au sud par Versailles et Saint-Cyr, soit à l'est entre Marne et Seine sur les plateaux de la Brie, soit au nord par Écouen et Montmorency, l'armée de sortie aura la certitude de se battre dans des conditions décisives de supériorité numérique ?

On peut, sans contredit, poser comme une règle générale qu'une armée disposant d'une position centrale d'une aussi immense étendue, jouissant dans l'intérieur de cette position d'une sécurité absolue et d'une liberté de mouvements non moins absolue, maîtresse de se concentrer hors des vues de l'ennemi, de prendre l'offensive à l'heure voulue et sur le front choisi, assurée d'attaquer son adversaire à l'improviste — se trouve, par le seul avantage de sa position, en mesure d'accabler successivement et en détail des forces plus que doubles des siennes propres.

Mais nous nous reprocherions d'insister plus longuement sur des données et des déductions qui pourraient sembler d'ordre purement logique. Nous nous sommes fait une loi de nous appuyer constamment dans cette étude sur les enseignements de l'histoire, sur des réalités objectives et sur des faits expérimentaux. Notre moisson de notions positives est maintenant assez abondante et substantielle pour nous permettre d'envisager, sans laisser la moindre part à l'imagination ou à la fantaisie, les éventualités rationnelles du rôle de Paris dans une nouvelle lutte pour l'indépendance et l'intégrité de la patrie.

De toutes ces éventualités rationnelles, la moins favorable assurément au point de vue des conditions nouvelles de la défense de Paris serait celle de la reproduction, toutes choses égales d'ailleurs, d'une situation de guerre semblable à celle de la mi-septembre 1870. L'histoire n'avait pas connu, dans les temps modernes, de catastrophe militaire aussi complète et aussi soudaine ; elle n'en verra très probablement plus d'analogue. Nous nous plaçons donc par hypothèse dans une situation d'infériorité désormais absolument invraisemblable.

Nous supposons, pour nous tenir dans les termes de la comparaison méthodique que nous voulons instituer, que deux mois jour pour jour après une rupture avec l'Allemagne, les deux tiers de l'armée active française soient, comme en 1870, cernés, bloqués dans une ou plusieurs des places de l'Est, le reste détruit ou prisonnier, et que la moitié environ de l'effectif de l'armée active allemande devienne ainsi disponible pour la marche sur Paris.

Telle était exactement la situation au surlendemain de Sedan.

Il est à peine nécessaire de faire remarquer que deux au moins des causes essentielles de ce prodigieux effondrement de l'armée française n'existent plus à aucun degré. Ce sont :

1° L'absolu défaut de préparation et d'organisation en vue du passage rapide du pied de paix au pied de guerre ;

2° L'énorme disproportion numérique en hommes et en canons qui stérilisa la vaillance de nos soldats à Wissembourg, à Reichsoffen et à Gravelotte.

Ces réserves faites, nous admettons donc que neuf corps d'armée allemands sont aux portes de Paris, tandis que les neuf autres corps actifs investissent Toul ou Verdun, comme le prince Frédéric-Charles investissait Metz. De nos dix-neuf corps d'armée actifs de première ligne, pas un n'est disponible. Tous sont ou investis ou disparus. Au moment où les pointes d'avant-garde de l'armée d'invasion atteignent les rives de la

Seine — nous serrons d'aussi près que possible l'analogie avec la situation de 1870, — le camp retranché de Paris contient : 1° les trois quarts des quatrièmes bataillons de ligne disponibles (équivalent des bataillons analogues des généraux Vinoy et Ducrot au 19 septembre 1870), soit, étant donnée l'organisation actuelle, environ cent huit bataillons fournissant, avec la proportion normale des autres armes, les éléments de quatre corps d'armée réguliers, sans compter les garnisons fixes des forts extérieurs ; 2° le corps d'armée fourni par la marine (équivalent des marins de 1870) ; 3° cent vingt mille territoriaux (équivalent de la garde mobile), constituant quatre corps d'armée complets ; 4° un nombre indéterminé de cinquièmes bataillons, répondant dans l'organisation actuelle aux bataillons de marche de 1870 ; 5° la réserve de l'armée territoriale de la Seine et de Seine-et-Oise, non organisée mais susceptible de l'être dans des conditions militairement supérieures à celles de l'ancienne garde nationale sédentaire.

On remarquera, si l'on se souvient de ce qui a été dit plus haut au sujet de la nouvelle organisation militaire, que contrairement à la situation de 1870, les corps d'armée formés par les quatrièmes bataillons seraient composés de troupes aussi instruites, aussi disciplinées, aussi solides que celles de l'armée active de première ligne. Paris disposerait donc, en ajoutant à ces quatre corps celui de la marine, de cinq corps d'armée réguliers capables d'affronter l'ennemi en rase campagne, complètement organisés et pourvus de tout le matériel nécessaire. Les 120,000 hommes de l'armée territoriale constituent une deuxième armée de quatre corps infiniment mieux instruits, mieux armés, équipés, disciplinés, organisés, que ne le furent jamais les mobiles de 1870. C'est donc, défalcation faite des garnisons fixes des forts, des cinquièmes bataillons de ligne, de la réserve territoriale et des troupes spéciales à Paris (garde républicaine, gendarmerie mobile, etc.), et en évaluant le corps d'armée à 30,000 hommes, une armée de ligne de 150,000 combattants, avec plus de 500 pièces de canon, soutenue par une armée territoriale de 120,000 hommes avec 400 pièces de canon.

Le généralissime allemand que nous supposons sous les murs de la capitale peut-il — en présence de ces forces, — tenter l'investissement de Paris? — Pour le faire dans les conditions de 1870, il lui faudrait, comme nous l'avons établi précédemment, dix-huit corps d'armée; il n'en a que neuf. Peut-il tenter un investissement selon la méthode esquissée par l'écrivain militaire prussien précité? Examinons. D'après cet auteur, il faudrait au moins douze corps d'armée. Supposons que l'on tente cependant l'entreprise avec neuf corps seulement. Une fraction d'armée de trois corps prend position au nord, face au rentrant de la plaine Saint-Denis, et pousse sa cavalerie sur l'Oise, pour tenter de couper la voie ferrée de Rouen et Dieppe; deux corps sur le plateau de la Brie, entre Marne et Seine, couvrent les lignes de communication avec l'Allemagne; quatre corps enfin passent la Seine et s'étendent sur la rive gauche, jusqu'à la hauteur du débouché de Versailles, la cavalerie battant l'estrade et coupant les chemins vers la Basse-Seine. Nous supposons que le mouvement s'est opéré sans encombre. Mais que devient aussitôt après la situation de l'assiégeant? D'une part, 150,000 hommes d'excellentes troupes peuvent déboucher par n'importe quel grand secteur du camp retranché et se ruer sur les troupes de blocus, qui, en leur attribuant une merveilleuse célérité de concentration, n'auront à opposer que 120,000 hommes au sud, 90,000 si l'attaque de l'armée parisienne s'effectue par le front nord; 60,000 seulement si elle débouche sur le plateau de la Brie entre Marne et Seine. Les quatre corps d'armée territoriaux sont en mesure, pendant ce temps, de fournir de gros détachements soit pour concourir à l'attaque principale, soit pour opérer de vigoureuses diversions.

Ce n'est pas tout. Tandis que chacune des trois fractions de l'armée allemande de blocus se trouve ainsi dès le début sous le coup de l'attaque d'une armée de sortie très supérieure en nombre, quelle est la situation à l'égard des provinces non envahies? Elle se résume d'un mot: pas un bataillon à détacher contre les armées de secours qui tenteraient de prendre à dos les lignes d'investissement. Or, dans l'hypothèse envisagée, l'ordre de mobilisation ayant deux mois de date, il est incontestable que l'armée territoriale aurait eu le temps, dans chaque région de corps d'armée, de réunir tous ses moyens d'action, son matériel, ses attelages, etc., de s'organiser en brigades, divisions, et enfin d'opérer sa concentration sur les points désignés par le ministre de la guerre. Nous avons admis que les corps d'armée des quatre régions (2e, 3e, 4e et 5e) aboutissant à Paris font partie de la garnison de la capitale. Rien ne s'oppose à ce que, défalcation faite de ces contingents territoriaux, deux rassemblements imposants soient opérés: l'un, par exemple, à Orléans; le deuxième, à Rouen. Les 1er, 10e et 11e corps d'armée territoriaux (régions ayant pour quartiers généraux Lille, Nantes et Rennes), transportés par les voies ferrées de Lille par Amiens sur Rouen d'une part, par les chemins de Bretagne et de la Basse-Normandie de l'autre, peuvent constituer une armée de 90,000 combattants en avant de Rouen, sur la ligne de l'Andelle. Pendant ce temps, les 8e, 9e, 12e, 13e, 17e et 18e corps (quartiers généraux à Bourges, Tours, Limoges, Clermont-Ferrand, Toulouse et Bordeaux) peuvent de même, réunis sur la Loire, autour d'Orléans, former une masse imposante de 180,000 hommes avec 600 pièces de canon. Il convient de remarquer que nous laissons en dehors de ces évaluations: 1° la totalité des cinquièmes bataillons de ligne dont l'organisation en régiments provisoires serait cependant fort avancée, sinon complète, deux mois après la mobilisation; 2º le restant des quatrièmes bataillons non concentrés à Paris, c'est-à-dire plus que l'effectif d'un corps d'armée régulier; 3º les 6e, 7e, 14e, 15e, 16e corps d'armée territoriaux et les contingents d'Afrique de deuxième ligne. Ces deux derniers éléments pourraient, en effet, constituer dans l'Est, concurremment aux armées de secours de Paris, une masse de près de 200,000 hommes en mesure de marcher au secours des places bloquées et de donner la main aux corps de ligne investis dans ces places.

Mais, en restreignant notre étude à la situation de l'armée d'investissement de Paris, il est hors de toute contradiction que cette armée serait dans l'impossibilité absolue de tenir huit jours sur ses positions sans risquer un désastre inévitable.

Considérons celle de ses fractions que nous avons supposée la plus nombreuse, celle qui fait face au front sud de Paris, sur la rive gauche de la Seine. Elle est forte, avons-nous dit, de quatre corps d'armée, soit 120,000 hommes, réunis en cantonnements resserrés autour de Chevreuse, coupant par leurs coureurs les routes et les chemins de fer depuis Corbeil sur la Seine d'amont jusqu'aux abords de Meulan sur la Seine d'aval. Le gros est à plus d'une journée de marche de la fraction d'armée la plus voisine, c'est-à-dire du groupe de deux corps d'armée supposés en observation entre Marne et Seine. Une attaque combinée, n'exigeant de la part des chefs français ni génie ni talent exceptionnel, mettra fatalement cette fraction d'armée dans la situation suivante : Attaquée de front et débordée par cinq corps d'armée réguliers de Paris débouchant du camp retranché par Saint-Cyr et la plaine de Versailles; prise à dos, coupée et enveloppée par les 180,000 territoriaux de l'armée de la Loire.

Il serait superflu d'insister. Le bon sens élémentaire indique qu'un général doué de raison ne s'exposerait pas à courir une telle aventure, et que, par conséquent, l'investissement du front sud de Paris, ou ne serait pas tenté, ou serait levé aux premiers indices de l'approche de l'armée de secours.

Nous ferons remarquer, pour aller jusqu'au bout de l'hypothèse envisagée, que la jonction sous Paris des deux armées territoriales de secours et des armées parisiennes de sortie aurait pour résultat la concentration de dix-huit corps d'armée français, dont cinq réguliers. On peut affirmer qu'une telle masse de plus de 500,000 combattants serait, sans grande présomption, de force à ramener à la frontière les neuf premiers corps de l'armée d'invasion, et rendrait inévitable le déblocus des forces régulières enveloppées dans les places de l'Est.

Il est évident que si, au lendemain de Sedan, les conditions actuelles de défense du camp retranché Parisien et d'organisation militaire générale avaient été réalisées, non seulement Paris n'aurait pas été bloqué, mais les troupes de seconde ligne auraient été en mesure d'arriver sous Metz avant la capitulation de Bazaine. La seule objection qui pourrait être opposée à ces déductions provient de la valeur militaire de nos troupes territoriales. — Seraient-elles capables de battre l'ennemi, même dans les proportions de deux et trois contre un, hommes et canons? — Nous nous bornerons, pour toute réponse, à faire observer que ces troupes, organisées, formées et instruites à loisir, préparées de longue date durant la paix, seraient incomparablement supérieures en qualité aux levées improvisées de 1870, et que ces dernières ont lutté glorieusement, souvent à nombre égal, contre les meilleures troupes prussiennes commandées par les meilleurs généraux allemands. Coulmiers, Loigny, Josnes, Nuits, Pont-Noyelles, Bapaume, Beaune-la-Rolande, Villersexel témoignent sans réplique à ce sujet!

Toutefois, ce n'est pas en admettant l'hypothèse du

renouvellement des désastres sans nom du début de la campagne de 1870 qu'on peut se faire une idée vraie de la réelle importance et de l'efficacité positive du camp retranché Parisien dans une guerre nouvelle de défense nationale. C'est en face d'éventualités plus vraisemblables qu'il convient de se placer. Les écrivains militaires allemands les plus portés à la jactance ne s'arrêtent pas un instant à l'idée que les dix-neuf corps d'armée actifs de notre nouvelle organisation militaire puissent être brisés et pour ainsi dire anéantis au premier choc, comme la malheureuse armée impériale de 1870. La supposition leur paraît folle, et ils ne la discutent même pas. La quasi-égalité numérique des forces de première ligne des deux puissances — l'avantage, peu considérable mais réel, étant même de notre côté en fait d'hommes et de canons, — la similitude d'organisation, la presque identité de moyens de mobilisation et de concentration rapides, l'équivalence d'armement, la qualité militaire des effectifs permanents, la valeur incontestable des réserves manifestée par l'expérience des dernières manœuvres, leur ont fait reléguer au rang des chimères l'éventualité de la répétition des succès foudroyants d'il y a dix ans. Les militaires allemands ont certes une foi profonde dans la supériorité de leurs généraux et de leurs soldats; mais ils considèreraient, à juste titre, comme un visionnaire attardé celui qui oserait leur promettre contre la jeune armée de la République une nouvelle édition des grands coups de filet de Sedan et de Metz. En admettant même qu'ils se fassent une trop haute idée de la nouvelle armée française, ce qui n'est pas du tout notre opinion, il faut évidemment éliminer du nombre des hypothèses rationnelles celle de Paris privé du concours de l'armée active de première ligne.

L'achèvement des travaux de fortification qui ont élevé sur notre frontière éventrée de l'Est ce qu'un écrivain prussien appelait naguère une véritable « barrière de fer », contribue aussi à modifier, à transformer profondément les termes du problème. L'éventualité d'un retour des Allemands devant Paris, hors le cas d'une guerre de coalition européenne contre la France, devient même singulièrement improbable, sans que néanmoins — nous ne saurions trop le redire — le camp retranché Parisien perde rien de sa capitale importance et de son rôle prépondérant dans le système général de la défense nationale.

Ce qu'on peut affirmer, c'est que la situation est dès à présent à ce point renversée, qu'après un succès signalé, une bataille gagnée sur les frontières de Lorraine, l'ennemi serait condamné à choisir entre ces deux seules alternatives : ou perdre tout le fruit de sa victoire en ne marchant point vers Paris, — ou s'exposer, en poussant sur la capitale, à n'apparaître sous ses murs que pour y subir un retour offensif dans des conditions d'écrasante supériorité numérique.

Qu'on ne se hâte pas de crier au paradoxe. Ce que nous affirmons est d'une exactitude mathématique. Le magnifique développement donné aux défenses de la trouée de Belfort, la création de la ligne fortifiée de la Haute-Moselle et du camp d'Épinal, du côté sud-oriental de la nouvelle frontière franco-allemande ; la fortification du plateau de Haye et des passages de la Moselle près de Nancy, au centre ; la transformation de Toul en grande place munie d'une enceinte extérieure de forts détachés ; l'organisation, au moyen de fortifications permanentes, de la défense de la chaîne des Côtes de Meuse, sur le front nord-ouest de la frontière ; enfin, la construction du camp retranché de Verdun : toute cette œuvre grandiose qui s'achève en même temps que celle des fortifications de Paris, a singulièrement rétréci le champ des combinaisons stratégiques pour une armée allemande d'invasion débouchant de Strasbourg et de Metz. C'est une opinion admise par

les meilleurs critiques militaires étrangers, qu'à moins de
violer la neutralité du Luxembourg ou de la Belgique, seul
moyen de tourner la nouvelle « barrière de fer », les armées
allemandes se trouveraient désormais réduites à l'obligation
d'assaillir de front des positions formidablement retranchées
et défendues par des forces tout au moins égales, sinon
supérieures, à celles que l'Empire d'Allemagne est en mesure
de mobiliser. Le grand public français ignore ou apprécie
mal ces changements prodigieux — accomplis en moins de
six années — sur notre frontière béante de 1871. Le temps
approche cependant où, grâce à la République, l'expression
répétée chaque jour en France de « notre frontière ouverte »
ne sera plus qu'un simple anachronisme.

Il ne serait cependant ni sage ni sensé pour cela de considérer absolument comme chimérique l'hypothèse d'une victoire
ouvrant, dès le début de la campagne, le bassin de la Seine
à l'invasion allemande. Sans même envisager l'éventualité
du passage de l'ennemi par le Luxembourg et la Belgique, il
n'y a rien d'irrationnel à.imaginer une offensive conduite
avec une supériorité de conception et d'exécution telle qu'une
des sections de l'immense ligne qui s'étend de Montmédy
à Montbelliard, par Verdun, Toul, Nancy, Lunéville, Épinal
et Belfort, fût brusquement forcée par un assaillant qui aurait
concentré sur le point d'attaque choisi des forces tout à fait
prépondérantes. Des fautes graves de notre État-major
général dans la concentration des corps d'armée français
— par exemple l'éparpillement de nos troupes en cordon
continu sur toute la frontière, ou leur agglomération en
dehors des lignes stratégiques essentielles, — pourraient avoir,
malgré tous les travaux de fortification, ce résultat immédiat
pour châtiment.

Admettons donc que l'ennemi ait réussi à refouler, soit sur
le grand camp retranché de Langres, soit dans la vallée de

la Saône, vers Vesoul et Besançon, la fraction de l'armée
française qui défendait la ligne des Vosges à la Moselle,
tandis que celle qui faisait face à Metz, en avant de la Meuse,
a été rejetée dans les plaines ouvertes de la Champagne.
Admettons encore que huit ou neuf corps d'armée allemands
suffisent contre la première fraction de notre armée formée
vraisemblablement des huit corps fournis par les régïons
de l'Est et du Midi, renforcés du corps d'armée d'Afrique. Dix
corps d'armée resteront donc à la disposition du généralissime
allemand pour poursuivre ses premiers succès contre les
corps français en nombre égal, qu'il aurait, dès le début,
successivement battus et forcés de se replier sur la Marne
ou sur l'Aisne. Deux partis seulement s'offriront à lui : ou
s'arrêter, pour faire le siège en règle des places (Verdun,
Toul et les forts d'arrêt), ou s'attacher aux pas de l'armée
défaite sans lui laisser le loisir de respirer. Si la capitale
de la France était ville ouverte, si même les fortifications
de Paris étaient celles de 1870, le choix en faveur du
deuxième parti ne ferait aucun doute. Même conclusion si la
capitale, nœud vital de la défense, était située à très grande
distance de la frontière. Une poursuite acharnée pourrait
alors avoir pour effet d'accabler l'armée battue et de la
désorganiser totalement, ou de la confiner dans une place
dont l'investissement n'aurait rien de chimérique. Mais les
conditions réelles du problème, étant donné l'état actuel des
choses, rendent la solution infiniment moins simple.

Admettons d'abord que le général allemand se décide, avant
de pousser plus loin, à attendre la chute des places frontières.
Les résultats de ce parti sont aisés à déduire. En concédant
— hypothèse très favorable à l'envahisseur, eu égard à ce
qui a été dit de l'organisation militaire allemande — que
le siège des places et des forts de la frontière envisagée
pût être formé sans détachements de l'armée active ennemie,

rien que par des forces de la landwehr (la défense de ces places étant assurée de notre côté par 60,000 hommes, moitié provenant des quatrièmes bataillons, moitié de la territoriale de notre sixième région), huit jours ne s'écouleraient pas sans un changement complet de situation. Nos dix corps d'armée ralliés à quelques marches en arrière — vers Châlons et Troyes, par exemple, — seraient en mesure de recevoir rapidement par les voies ferrées tous les renforts et tous les moyens d'action nécessaires. — Il est inutile d'insister sur l'effet moral que produirait l'immobilité de l'ennemi. Cet effet serait immense. Une semaine de répit, deux au besoin, durant lesquelles les opérations préliminaires du siège de Verdun, de Toul et des forts d'arrêt seraient à peine achevées, suffiraient pour reconstituer, au moyen des ressources des dépôts, les effectifs de guerre de nos fractions de troupes le plus éprouvées. Les dix corps d'armée remis au complet pourraient recevoir, pendant ce laps de temps, sans même tenir compte des forces territoriales, au moins les renforts suivants : 1º le corps d'armée de la marine; 2º quatre des corps d'armée réguliers tirés des 152 quatrièmes bataillons de ligne. Il serait matériellement impossible à l'ennemi de recevoir, durant la même période, des renforts équivalents. L'armée française de Champagne serait, par conséquent, en mesure de reprendre l'offensive avec quinze corps d'armée contre dix, tout en ayant pleine liberté de manœuvres contre un ennemi gêné par l'obligation de couvrir des sièges.

Examinons maintenant l'éventualité de la poursuite immédiate et de la marche sur Paris.

On admettra sans peine — l'expérience ayant surabondamment démontré les facultés de marche d'une armée battue sur son propre territoire, surtout quand elle a derrière elle, à quelques journées, un refuge inviolable — que nos corps d'armée, se sentant poussés à outrance, auraient vite perdu le contact de l'ennemi et gagné le camp retranché Parisien. La sagesse élémentaire commanderait d'ailleurs de tout ajourner jusqu'au ralliement sous Paris. L'instinct humain serait en si parfaite concordance avec le précepte, que ni généraux ni troupes ne songeraient sans doute à s'en départir. Admettant toujours que le flanc sud-est de l'armée d'invasion est couvert par huit à neuf corps allemands, refoulant ou contenant un nombre égal des nôtres, l'ennemi avancerait, séparé de sa base d'opérations par une ligne continue de places et de forts bloqués, mais irréductibles avant de longs mois, en plein pays ennemi, forcément inquiet pour ses flancs, surtout du côté du nord, et absolument privé de toute communication par voies ferrées. Nous le supposons néanmoins — concession excessive — abordant la ligne de la Seine avec ses dix corps d'armée complets.

Il est aisé de voir qu'à ce moment la situation de l'envahisseur deviendrait instantanément critique.

Se placer à cheval sur la Marne, et faire simplement face au front nord et au front est de Paris, serait pour le général allemand la détermination la moins téméraire. Il couvrirait ainsi ses communications et sa ligne de retraite. Mais à quel résultat ce parti aboutirait-il? La capitale, libre de communiquer avec l'intérieur, souffrirait peu de cette attitude. L'ennemi entreprendrait-il le siège régulier des forts d'Écouen, de Vaujours, de Villiers? Ce serait peu pratique, car l'obstruction des voies de communication à la frontière ne permettrait pas avant de longues semaines l'arrivée du train de siège indispensable.

Il est vrai que le passage de l'armée d'invasion à travers la Belgique (toutes réserves étant faites des conséquences diplomatiques et militaires d'une telle violation du droit public européen) lèverait en partie cet obstacle. Admettons l'éventualité. Il ne faudrait cependant pas moins d'un mois, en mettant les choses au mieux pour l'assiégeant, avant qu'il pût mettre en position sa première batterie de gros calibre. Or, bien avant l'expiration de ce mois, les dix corps d'armée réfugiés sous la protection des ouvrages du camp Parisien, seraient refaits, reposés, remis au complet; ils auraient trouvé dès le premier jour, prêts à l'action, les cinq corps réguliers ci-dessus indiqués et les quatre corps territoriaux de la garnison de Paris. Pendant ce temps, des masses énormes de troupes territoriales, contre lesquelles l'ennemi n'aurait pas un détachement à lancer, pourraient se concentrer à la volonté de la défense, les unes tant sous la protection des lignes de La Fère que du camp retranché de Reims, prêtes à se jeter sur le flanc droit et sur les derrières de l'envahisseur; d'autres sur la Loire, à Orléans, en mesure soit de prendre à dos les troupes ennemies qui se risqueraient au delà de la Seine, soit de marcher par Montereau et Nogent contre le flanc gauche et les derrières de l'envahisseur.

Le jour donc où l'armée active serait en mesure de reprendre les opérations en rase campagne, l'État-major français disposerait, à Paris, de quinze corps d'armée réguliers et de quatre corps territoriaux manœuvrant avec une sécurité absolue dans la prodigieuse enceinte du camp retranché Parisien, maîtres de choisir leur ligne d'opération, assurés qu'aucune attaque inopinée ne troublera leurs combinaisons. C'est avec ces masses d'une écrasante supériorité, que le commandant en chef de l'armée de Paris pourrait assaillir, à son choix, l'une ou l'autre des deux ailes de la grande armée allemande, que l'étendue de la ligne à garnir et leur position forcée à droite et à gauche de la Marne rendraient incapables de se soutenir mutuellement. Une vigoureuse diversion sur le plateau de la Brie, par exemple, opérée par les territoriaux, permettrait à l'armée active de se jeter, dans la proportion de trois contre un, sur la portion de l'armée ennemie qui ferait face au front de Vaujours-Écouen-Montmorency. Inutile d'insister sur les conséquences!

Mais si cette méthode d'opérations, assurément la moins hasardeuse pour l'ennemi, est de nature à exposer néanmoins fatalement l'armée d'invasion à des risques de désastre aussi certains, que serait-ce donc si l'État-major allemand entreprenait d'aborder la rive gauche de la Seine et de s'y déployer, afin, sinon d'investir totalement Paris, tâche impossible avec dix corps d'armée seulement, du moins de couper les communications régulières de la capitale avec le Centre, l'Ouest et le Midi? Le moins qu'on puisse dire, c'est que l'État-major français ne pourrait évidemment pas souhaiter d'éventualité plus favorable et de chance plus heureuse. Une pareille manœuvre, exécutée dans les conditions envisagées, livrerait à la discrétion des Français l'armée ennemie lancée au delà de la Seine, plus fatalement encore que la marche trop fameuse sur Sedan ne livra, en 1870, notre malheureuse armée de Châlons à la discrétion de M. de Moltke. La ruine de l'ennemi n'impliquerait, du côté de nos généraux, aucune qualité transcendante. Le sens commun et un peu de vigueur y suffiraient. En portant au delà de la Seine cinq ou six corps d'armée, l'ennemi causerait sans doute quelques ennuis momentanés à la défense. L'interruption des communications directes avec Orléans, Tours, Le Mans serait fort sensible, surtout comme impression morale. Mais il est d'une évidence parfaite qu'une fois parvenus à la hauteur de Versailles et de Chevreuse, c'est-à-dire à une journée de marche de la Seine, les corps d'armée ennemis seraient à la merci d'une attaque combinée pour l'exécution de laquelle l'armée de Paris aurait la plus absolue liberté de mouvements. A un moment donné quinze corps d'armée français surgissant de tous les débouchés du front sud, seraient donc en mesure d'aborder ces cinq ou six corps ennemis que la disproportion numérique obligerait forcément de plier sous le choc. Mais la défaite d'une armée de blocus au sud de Paris, a pour conséquence inévitable — il ne faut pas l'oublier — de lui faire perdre sa ligne de communication. Dans ces conditions, ou l'ennemi serait enveloppé sur place, ou il serait forcé de reculer vers la Loire, où ses débris rencontreraient, leur barrant tout chemin de retraite, les nombreux contingents de l'armée territoriale !

On peut varier les hypothèses, la conclusion ne changera pas. La possession du camp retranché Parisien renverse diamétralement les conditions de supériorité respective de deux armées en lutte dans le bassin de la Seine. L'assaillant ne saurait aborder Paris sans se morceler sur un périmètre immense et par conséquent s'affaiblir. L'armée de la défense trouve, au contraire, dans le camp Parisien, outre la sécurité, le repos momentané et de prodigieuses ressources de tout ordre, la faculté certaine, mathématique, d'agir à son heure, concentrée et compacte, contre un ennemi forcément divisé en fractions disjointes et séparées par des journées entières de marche; c'est le rétablissement de l'égalité dans l'hypothèse d'une énorme supériorité numérique de l'assaillant; c'est la certitude d'une écrasante prépondérance sur chaque fraction donnée de ses forces, dans la supposition d'une faible différence numérique entre les deux armées.

Nous ne pensons pas qu'il y ait lieu de s'arrêter à l'éventualité d'une armée d'invasion négligeant Paris pour se porter vers l'intérieur de la France, dans le bassin de la Loire par exemple. Il suffira de faire remarquer que l'ennemi en marche vers Orléans ou Bourges, ne pourrait dépasser la ligne de l'Yonne sans s'exposer à être coupée de sa base et pris à dos par l'armée française débouchant du camp Parisien et remontant rapidement la rive droite de la Seine.

Plus l'armée d'invasion s'enfoncerait vers l'intérieur, plus sa situation deviendrait périlleuse. C'est de toute évidence.

Il convient de remarquer que pendant ce temps, nos corps d'armée de l'Est trouveraient dans les positions fortifiées de cette région, œuvre de défense dont l'achèvement coïncide avec celui des fortifications de Paris, de grands et puissants moyens de résistance et de retour offensif. Indépendamment des camps retranchés d'Épinal et de Belfort, de Langres et de Besançon, le nouveau camp de Dijon, appuyé au massif du Morvan, assurerait à nos troupes un centre de ralliement aussi difficile à tourner qu'à forcer. En mettant les choses au pis, Lyon avec son admirable position stratégique, Lyon transformé à nouveau en une formidable place d'armes, marquerait très certainement le terme de la poursuite de l'armée battue. Là les neuf corps d'armée que nous avons supposés rejetés dans le bassin de la Saône, trouveraient, en même temps que le repos et la sécurité, le renfort des nouvelles formations de troupes de ligne et des corps d'armée territoriaux du Midi. Peu de jours leur suffiraient pour être en mesure de reprendre l'offensive dans des conditions de supériorité numérique décisive. En supposant que toutes les troupes territoriales des 7e et 8e régions fussent affectées à la défense des places, il resterait en effet encore disponibles dans l'est au moins un nouveau corps d'armée régulier, tiré des quatrièmes bataillons non employés, et trois corps d'armée territoriaux fournis par les 13e, 14e et 16e régions (quartiers généraux à Clermont, à Lyon et à Montpellier). Nous supposons que le 15e corps d'armée territorial (quartier général à Marseille) aurait remplacé en Algérie les régiments de marche formés par les zouaves et les tirailleurs indigènes. C'est donc avec un renfort de plus de 120,000 combattants que de son côté l'armée française de l'est reprendrait ses opérations contre un ennemi forcément affaibli par la nécessité de masquer les places et de couvrir ses lignes de communication.

Une conclusion irrésistible, éclatante, se dégage donc et s'impose : c'est que dans les conditions respectives actuellement réalisées d'organisation militaire de la France et de l'Allemagne, l'armée allemande, même victorieuse au début d'une campagne, serait condamnée ou à s'arrêter à la frontière ou à marcher sur Paris sans espoir d'attaquer ou d'investir la place; avec la certitude, au contraire, de se trouver bientôt aux prises sous ses murs contre des forces incomparablement supérieures.

Hors l'hypothèse d'une coalition générale contre la France — hypothèse à éliminer dans l'état actuel de l'Europe, — Paris est désormais inabordable. Voilà le fait dominant, le fait caractéristique de la nouvelle situation militaire. Frapper un coup décisif au nœud vital de la France est maintenant au-dessus de la puissance militaire de l'Allemagne. De là, en cas de succès des Allemands dans les premières rencontres, la localisation forcée, inévitable, de la guerre vers les frontières de l'Est et du Nord-Est. Une pointe de l'ennemi dans le bassin de la Seine jusque sous Paris, n'aurait nécessairement, à moins que les envahisseurs ne s'exposassent de gaîté de cœur à un désastre, d'autre caractère que celui d'une grande reconnaissance, suivie de retraite immédiate : quelque chose comme les excursions célèbres de Lee au nord du Potomac durant la guerre de Sécession. Dans ces conditions, le succès final de la lutte appartiendrait, selon toute prévision rationnelle, au plus persévérant, au mieux organisé, au plus riche et au mieux outillé pour soutenir une guerre prolongée. La France, à ce dernier point de vue, n'est assurément pas inférieure à l'Allemagne. Quant à l'organisation militaire, la comparaison des ressources des deux pays en hommes et en cadres de réserve, démontre sans réplique que dès le deuxième mois de la guerre, la France pourrait jeter dans la balance une masse incontestablement supérieure de troupes territoriales et de troupes de ligne de nouvelle formation.

Ainsi, moins de dix ans après l'heure où le second Empire avait laissé la France gisante et désarmée, la République a pourvu, dans des conditions de force et de solidité sans précédents, à la parfaite sécurité de la nation! La première partie de l'œuvre de relèvement et de réparation est réalisée. L'achèvement des fortifications de Paris en marque le terme.

Il est permis de songer dorénavant au complément nécessaire de cette tâche sacrée. La République en 1870 avait sauvé l'honneur de la Patrie; elle lui rend aujourd'hui la force avec la liberté. Strasbourg et Metz peuvent maintenant s'éveiller à l'espérance. Paris invulnérable, c'est leur délivrance assurée!

# TABLE DES MATIÈRES

---

la batterie de Blémur. — Positions d'Écouen et de Stains. — Propriétés défensives
et offensives du système des forts de Montmorency. — Rôle capital de cette
position dans la défense du front nord.

Description de l'arête entre la plaine nord et la vallée de la Marne. — Position de
Vaujours. — Fort de Vaujours, fort de Chelles, Batteries de Montfermeil et de
Livry. — Propriétés défensives de ces ouvrages. — La trouée du front nord et
ses deux saillants. — Esquisse d'un plan d'attaque allemand du nouveau front
nord de Paris. — Discussion de ce plan. — Parallèle entre les conditions de
blocus de 1870 et les conditions nouvelles sur le secteur entre Marne et
Oise. — Développement de la ligne d'investissement. — Effectifs nécessaires.
— Situation éventuelle d'une armée de sortie. — Avantages acquis à la défense.

Description du front de la Basse-Seine. — Les boucles de la Seine. — Presqu'île de
Gennevilliers et d'Argenteuil. — La forteresse du Mont-Valérien. — Arête de
Sannois-Cormeilles. — Nouveau fort de Cormeilles et ses annexes. — Le plan de
sortie du général Trochu par la Basse-Seine. — Discussion. — La forêt de
Saint-Germain et le confluent de l'Oise et de la Seine. — Les hauteurs de l'Hautie;
leur importance. — Projet d'extension de la ligne des forts. — Appréciation des
qualités défensives et offensives du front ouest dans son état actuel.

Topographie du secteur entre Marne et Seine. — La vallée de la Marne et le plateau
de la Brie. — Presqu'île Saint-Maur et plaine de Créteil. — Importance stratégique
de ce secteur. — État de la défense en 1870. — Positions allemandes de blocus. —
Leur force extraordinaire. — Plan de sortie par la Marne et le plateau de la Brie.
— La situation au 29 novembre 1870. — Bataille de Champigny. — Fautes irrépa-
rables. — Critique des opérations. — La sortie avait-elle des chances de succès? —
Fortification nouvelle du front est. — La tête de pont sur la Marne. — Forts et
Batteries de Villeneuve-Saint-Georges, de Champigny, de Villiers, etc. —
Conséquences stratégiques du couronnement des hauteurs du plateau de la Brie.

Les clés de Paris sont sur les hauteurs de la rive gauche de la Seine. — Fortification
de 1840. — Les forts détachés d'Ivry, de Bicêtre, de Montrouge, de Vanves et
d'Issy; leur faiblesse. — L'investissement en 1870. — Combat de Châtillon. —
Paris a-t-il réellement été en danger le 19 septembre? — Les lignes de blocus sur
la rive gauche. — Importance du plateau de Châtillon. — Les sorties. — Combats
de Chevilly, de Châtillon et de l'Hay. — Le bombardement et l'attaque des forts
du sud. — Faible résultat obtenu par l'assaillant. — Le front entre Sèvres et
Bougival. — Positions allemandes couvrant Versailles. — Combat de la Malmaison
et bataille de Buzenval.

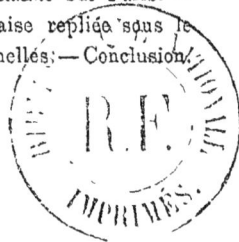

Bordeaux. — Imp. G. GOUNOUILHOU. rue Guiraude, 11.

# CARTE DU NOUVEAU CAMP RETRANCHÉ DE PARIS

*pour servir à l'ouvrage de M. Eugène Ténot:* PARIS ET SES FORTIFICATIONS

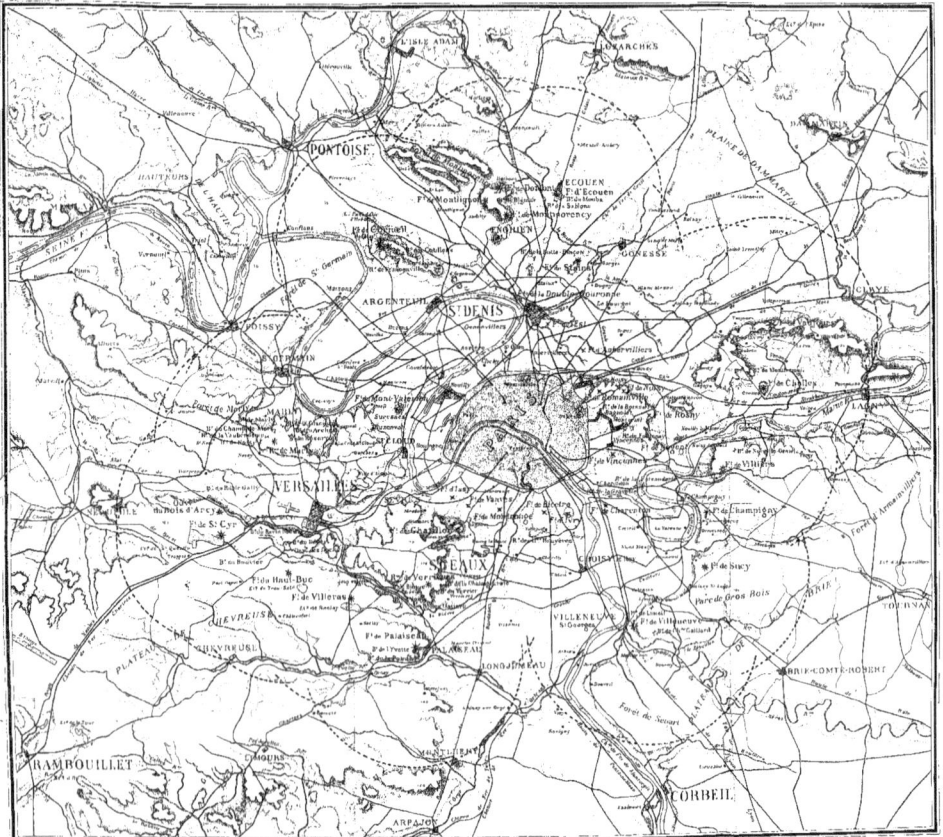

Ancicns Forts.
Nouveaux Forts.
Batteries et Redo
Limite d'action d
nouveau Fo

F⁰ˢ  Forts
Bᵉˢ  Batterie
R⁰  Redoute
Ouvᵗ Ouvrage
Rᵈᵗ  Réduit
Routes
Chemins
Chemins de Fer
Canaux

Echelle au  1 / 320 000

Le Kilomètre est représenté par 3 Millimètres

www.ingramcontent.com/pod-product-compliance
Lightning Source LLC
Chambersburg PA
CBHW071705200326
41519CB00012BA/2626